云计算应用开发 1+X 证书制度系列教材

云计算应用开发

（初级）

主　编　腾讯云计算（北京）有限责任公司

副主编　陈宝文　陆芸婷　程东升

参　编　李　翔　陈建凤

主　审　冯　杰

电子工业出版社

Publishing House of Electronics Industry

北京·BEIJING

内容简介

本书是腾讯云计算（北京）有限责任公司开发的"1+X"职业技能等级证书配套教材，是一本基于"项目导向，任务驱动"的采用项目化教学方式的云计算应用开发（初级）教材。本教材按照课程教学改革思路编写，依据云计算应用开发人员工作任务的实施过程来组织内容。

本书从云计算应用开发工程师的角度由浅入深、全方位地介绍云计算应用开发的相关基础知识和基本实操。本书共3部分，包括8个任务及3个项目实训。第1部分为软件开发，涉及C#应用程序开发、Python应用程序开发、九九乘法口诀表设计与实现；第2部分为云计算资源管理，涉及网络资源管理、关系型数据库管理、虚拟化管理、公有云云计算资源管理、搭建云上讨论区；第3部分为云计算应用开发，涉及创建小程序云开发环境、API调用、名片小程序应用开发。

本书可作为中高职、应用型本科院校大数据、云计算及计算机相关专业的教材，也可作为云计算应用开发人员的自学指导用书和社会培训指导书。

图书在版编目（CIP）数据

云计算应用开发：初级／腾讯云计算（北京）有限责任公司主编． －－ 北京：电子工业出版社，2022.1

ISBN 978-7-121-42603-2

Ⅰ. ①云… Ⅱ. ①腾… Ⅲ. ①云计算－职业技能－鉴定－教材 Ⅳ. ① TP393.027

中国版本图书馆CIP数据核字（2022）第 015194 号

责任编辑：李 静　　　　特约编辑：付 晶
印　　刷：固安县铭成印刷有限公司
装　　订：固安县铭成印刷有限公司
出版发行：电子工业出版社
　　　　　北京市海淀区万寿路 173 信箱　　邮编　100036
开　　本：787×1092　1/16　印张：14　字数：359 千字
版　　次：2022 年 1 月第 1 版
印　　次：2025 年 1 月第 5 次印刷
定　　价：46.00 元

凡所购买电子工业出版社图书有缺损问题，请向购买书店调换。若书店售缺，请与本社发行部联系，联系及邮购电话：（010）88254888，88258888。

质量投诉请发邮件至 zlts@phei.com.cn，盗版侵权举报请发邮件至 dbqq@phei.com.cn。

本书咨询联系方式：（010）88254604，lijing@phei.com.cn。

前　言

为贯彻《国家职业教育改革实施方案》，落实教育部牵头的"1+X"证书制度试点工作有关政策要求，腾讯云计算（北京）有限责任公司利用在云计算应用开发领域积累的产业经验和资源，与高校开展校企合作，开发配套教材。

1.本书特色

本书结合作者多年的工作经验并根据云计算应用开发人员所需的知识和技能编写而成。本书根据工作任务的实际实施过程来组织内容，是为试点X证书院校学生量身定做的教材。教材中的项目由生产过程的案例改编，重在培养读者分析问题、解决问题的能力。

2.参考学时

本书参考学时为44学时，其中实训教学学时为22学时。各项目参考学时参见下面的学时分配表。

项目	课程内容	学时分配	
		讲授	实训
项目一 软件开发	任务1　C#应用程序开发	2	2
	任务2　Python应用程序开发	2	2
	项目实训：九九乘法口诀表设计与实现	2	2
项目二 云计算资源管理	任务3　网络资源管理	2	2
	任务4　关系型数据库管理	2	2
	任务5　虚拟化管理	2	2
	任务6　公有云云计算资源管理	2	2
	项目实训：搭建云上讨论区	2	2

续表

项目	课程内容	学时分配	
		讲授	实训
项目三云计算应用开发	任务 7　创建小程序云开发环境	2	2
	任务 8　API 调用	2	2
	项目实训：名片小程序应用开发	2	2
总计		22	22

本书由腾讯云计算（北京）有限责任公司主编。特别感谢深圳信息职业技术学院的陈宝文、陆芸婷、程东升老师，感谢电子工业出版社的编辑。本书在编写过程中参考了大量书籍和网络资源，并得到相关职业院校老师的支持，在此表示感谢。

目　录

项目三　云计算应用开发

项目一

软件开发

项目一
微课列表

⬥ 学习目标

一、知识目标

（1）掌握C#的语法及相关基础知识；

（2）掌握C#的调试方法；

（3）掌握Python的语法及相关基础知识；

（4）掌握Python条件选择语句及循环语句的用法。

二、技能目标

（1）能够安装和配置C#的运行环境；

（2）能够安装和配置Python的运行环境；

（3）能够正确使用Python编写函数代码；

（4）能够规范编写Python代码。

三、素质目标

（1）培养初级软件开发能力；

（2）培养问题分析能力；

（3）培养环境配置能力；

（4）培养理论与实操的结合能力；

（5）提升团队协作能力。

项目描述

一、项目背景及需求

编程语言可以简单地理解为一种能被计算机和人类共同识别的语言。计算机语言能够让程序员准确地定义计算机需要使用的数据，并精确地定义在不同情况下应当采取的行动。我们使用编程语言进行软件开发的目的，是希望用计算机来解决我们生活和生产中遇到的实际问题。在软件开发中，编程思想是用计算机来解决人们实际问题的思维方法。从基于过程性的编程思想的汇编语言，到基于结构性的编程思想的C语言，再到基于面向对象的编程思想的C#，编程语言处在不断地发展和变化之中。近年来，C#和Python语言发展势头良好。特别是Python这种高层次脚本语言，得益于大数据和人工智能领域的发展，目前被广泛应用于Web和Internet开发、科学计算和统计、教育、软件开发和后端开发等领域，且有着简单易学、运行速度快、可移植、可扩展、可嵌入等优点。本项目通过学习C#和Python语言，帮助读者对编程语言的基本表达形式、组合方法及抽象方法等特性形成直观的认识。

二、项目任务

项目任务包括C#应用程序开发的5个具体任务、Python应用程序开发的5个具体任务和九九乘法表输出练习。本项目首先介绍C#和Python两种语言的基本知识，再通过开发环境搭建、简单程序编写和运行实施项目培养理论与实操的结合能力。

项目任务实施

任务1 C#应用程序开发

一、任务描述

C#是微软公司发布的一种面向对象的、运行于.NET Framework之上的高级程序设计语言。如果需要开发Windows桌面应用程序、Windows Store应用程序、Web应用程序、WCF服务等，项目建设者必须掌握C#编程语言。

二、问题引导

（1）C#程序开发环境如何搭建与配置？

（2）如何编写、编译、运行和注释一个简单的C#程序？

三、知识准备

1.软件开发基本流程

软件开发流程即软件设计思路和方法的一般过程。软件开发过程（software development process），或软件过程（software process），是软件开发的生命周期，其各个阶段分别实现了软件的需求定义与分析、设计、实现、测试、交付和维护。软件过程是在开发与构建系统时应遵循的步骤，是软件开发的路线图。

按照不同阶段的任务安排，包括对软件进行需求分析、设计软件的功能及实现该功能的算法和方法、软件的总体结构设计和模块设计、编码和调试、程序联调和测试以及编写、提交程序等一系列操作以满足客户的需求并且解决客户的问题，如果有更高的需求，还需要对软件进行维护、升级和报废处理。从管理的角度来看，即从业务和经济的角度来看，软件的生命周期包括4个主要阶段：

（1）起始阶段——在一个好的想法的基础上构思出产品及其业务案例，确定项目的范围。

（2）细化阶段——计划活动和所需资源，确定功能并设计架构。

（3）构建阶段——发展最初的设想、架构和计划，直到产品完整实现。

（4）移交阶段——将产品移交给用户使用，包含制造、交付、培训、支持、维护等内容。

这4个阶段称为一个开发周期，其所产生的软件称作第一代。现有产品能够通过演进，重复下一个起始、细化、构建和移交过程，各阶段的侧重点与第一代不同，从而演进出下一代产品，直到产品终结。最后产品经过几个周期的演进，新一代产品也不断被制造出来。演进周期的启动可能是由于用户建议增强功能、用户环境改变、重要技术变更，以及应对竞争的需要。实际中，周期之间会有轻微重叠。比如起始阶段和细化阶段可能在上一个周期的移交阶段未结束时就已开始。项目生命周期模型是刻画一个工程从起始到完成，是如何进行计划、控制和监控的模型，表1-1所示为常见的项目生命周期模型。

表 1-1　常见的项目生命周期模型

序号	基本模型	扩展模型	基本特征
1	快速原型模型	无	快速构建原型，频繁与客户沟通，开发阶段不断迭代，适用于需求不明确、变化快的工程项目
2	瀑布模型	传统瀑布模型、迭代的瀑布模型、V 模型	各个阶段的划分完全固定，阶段之间产生大量的文档，适用于需求明确的工程项目

（1）快速原型模型：是原型模型在软件分析、设计阶段的应用，用来解决用户对软件系统在需求上的模糊认识，或用来试探某种设计是否能够获得预期结果。在开发真实系统之前，通过构建一个可以运行的软件原型，使开发人员与用户达成共识，以便加强理解和澄清问题，最终在确定的客户需求的基础上开发让客户满意的软件产品。

快速原型模型具有以下特点：

①快速原型模型的作用是获取用户需求，或用来试探设计是否有效。一旦需求或设计确定下来，原型将被抛弃。因此，快速原型模型要求快速构建、容易修改，以节约原型创建成本、加快开发速度。目前，Microsoft Visual Basic、Inprise Delphi 等基于组件的可视化开发工具，都是非常有效的快速原型创建工具。

②快速原型模型是暂时使用的，因此并不要求完整。它往往针对某个局部问题建立专门原型模型，如界面原型模型、工作流原型模型、查询原型模型等。

③快速原型模型不能贯穿软件的整个生命周期，它需要和其他的过程模型结合使用才能发挥作用，如在瀑布模型中应用快速原型模型，以解决瀑布模型在需求分析时期存在的不足。

（2）瀑布模型：将软件生存周期的各项活动规定为按固定顺序连接的若干阶段，如瀑布流水，每个阶段都会产生循环反馈，将上一项活动的输出作为该项活动的输入，如果有信息未被覆盖或者发现问题，会"返回"上一阶段并进行适当的修改，项目开发进程从一个阶段"流动"到下一个阶段，这也是瀑布模型名称的由来。

图 1-1 所示为瀑布模型的整个生命周期。

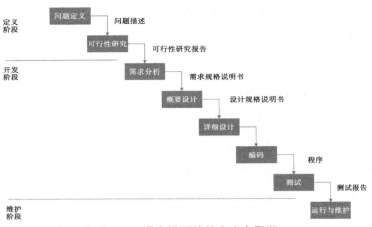

图 1-1　瀑布模型的整个生命周期

瀑布模型具有以下优点：

①为项目提供按阶段划分的检查瀑布模型的查点。

②当前一个阶段完成后，只需关注后续阶段。

③可在迭代模型中应用瀑布模型。

④它提供了一个模板，该模板使得分析、设计、编码、测试和支持的方法可以有一个共同的指导。

瀑布模型具有以下缺点：

①各个阶段的划分完全固定，阶段之间产生大量的文档，极大地增加了工作量。

②由于开发模型是线性的，用户只有等到整个过程的末期才能看到开发成果，从而增加了开发风险。

③通过过多的强制完成日期和里程碑来跟踪各个项目阶段。

④瀑布模型的突出缺点是无法适应用户需求的变化。

⑤早期的错误可能要等到开发后期的测试阶段才能被发现，进而带来严重的后果。

2.编译概念和工具

编译型语言：程序在执行之前需要一个专门的编译过程，把程序编译成机器语言文件，运行时不需要重新编译，直接使用编译结果即可运行。编译型语言需要依赖编译器，有程序执行效率高的优点，但跨平台性差。常见的编译型语言包括：C/C++、Pascal/Object Pascal（Delphi）、Golang。编译型语言的典型特征就是它们可以编译后生成.exe文件，之后无须再次编译，直接运行.exe文件即可。

解释型语言：程序在运行时才编译成机器语言，每执行一次都需要编译一次，因此执行效率比较低。在运行程序的时候才编译，有一个专门的解释器去进行编译，每个语句都是执行的时候才进行编译。解释型语言需要依赖解释器，有跨平台性好的优点，但执行效率比较低。常见的解释型语言有 Java、C#、PHP、JavaScript、VBScript、Perl、Python、Ruby、MATLAB 等。

3.基本程序调试知识和技巧

在软件开发的过程中，编写的代码并不总是按照预期行事。有时它也会执行一些完全不同的操作，发生这种情况时，使用调试工具或调试程序能让用户更轻松且更高效地找出问题所在。

正常运行应用时，仅在代码运行后才能发现错误和不正确的结果。程序也可能会意外终止而不告知用户原因。

在调试程序（也称为"调试模式"）中运行应用，这意味着调试程序会主动监视程序运行时发生的所有事情。此外，允许在任何时候暂停应用以检查其状态，然后逐行单步调试代码以查看应用运行的每个细节。

在 Visual Studio 中，通过使用调试工具栏中的 F5（或"调试"→"开始调试"按钮或"开始调试"按钮）进入调试模式。如果发生异常，Visual Studio 的异常帮助程序会找到发生异常的确切位置，并提供其他有用信息。

如果未收到异常，则在代码中查找可能出现问题的位置。可在此处结合使用断点和调试器，这样便有机会更仔细地检查代码。断点是可靠调试的最基本和最重要的功能。断点指示 Visual Studio 应在何处暂停正在运行的代码，以查看变量的值或内存的行为或代码运行的顺序。

4.C#语言概述

C# 是微软2000年推出的一种基于 .NET 框架的、面向对象的高级编程语言。微软希望用 C#取代 Java。微软给它制定了一份语言规范，提供了从开发、编译、部署到执行的完整的服务，每隔一段时间会发布一份最新的规范，添加一些新的语言特性。

C#和 Java类似，会编译成中间语言 CIL（Common Intermediate Language，也叫 MSIL）。CIL 也是一种高级语言，而运行 CIL 的虚拟机叫 CLR（Common Language Runtime）。通常我们把 C#、CIL、CLR，再加上微软提供的一套基础类库称为 .Net Framework。

以下为 C#语言的基本语法规则及用法。

（1）C#数据类型。

在 C#语言中，有以下几种数据类型：

- 值类型；

- 引用类型；

- 指针类型。

（2）C#变量。

变量是一个供程序操作的存储区的名字。在C#语言中，每个变量都有一个特定的类型，类型决定了变量的内存大小和布局。范围内的值可以存储在内存中，可以对变量进行一系列操作。表1-2中列出了C#语言基本变量类型。

表 1-2 C# 语言基本变量类型

类型	举例
整数型	sbyte、byte、short、ushort、int、uint、long、ulong、char
浮点型	float、double
十进制型	decimal
布尔型	值为 true 或 false
空型	可为空值的数据类型

有效的变量定义如下：

```
int i, j, k;

char c, ch;

float f, salary;

double d;

int d = 1, f = 10;   /* 初始化 d 和 f*/

byte z = 11;      /* 初始化 z */

double pi = 3.14159; /* 声明 pi 的近似值 */

char x = 'x';      /* 变量 x 的值为 'x' */
```

（3）C#运算符。

运算符是告诉编译器执行特定的数学或逻辑操作的一种符号。C#语言提供了丰富的内置运算符，包括算术运算符、关系运算符、逻辑运算符、位运算符、赋值运算符、其他运算符等。表1-3中罗列了C#语言支持的所有算术运算符。这里假设变量A的值为5，变量B的值为10。

表 1-3　C# 语言支持的所有算术运算符

运算符	描述	实例
+	把两个操作数相加	A + B 将得到 15
–	从第一个操作数中减去第二个操作数	A – B 将得到 –5
*	把两个操作数相乘	A * B 将得到 50
/	分子除以分母	B / A 将得到 2
%	取模运算符，整除后的余数	B % A 将得到 0
++	自增运算符，整数值增加 1	A++ 将得到 6
––	自减运算符，整数值减少 1	A–– 将得到 4

　　表 1-4 中罗列了 C# 语言支持的所有关系运算符。假设变量 A 的值为 5，变量 B 的值为 10。表 1-5 中罗列了 C# 语言支持的所有赋值运算符。表 1-6 中罗列了 C# 语言支持的其他重要的运算符，包括 sizeof( )、typeof( ) 和 ?。

表 1-4　C# 语言支持的所有关系运算符

运算符	描述	实例
==	检查两个操作数的值是否相等，如果相等则条件为真	(A == B) 不为真
!=	检查两个操作数的值是否相等，如果不相等则条件为真	(A != B) 为真
>	检查左操作数的值是否大于右操作数的值，如果是则条件为真	(A > B) 不为真
<	检查左操作数的值是否小于右操作数的值，如果是则条件为真	(A < B) 为真
>=	检查左操作数的值是否大于或等于右操作数的值，如果是则条件为真	(A >= B) 不为真
<=	检查左操作数的值是否小于或等于右操作数的值，如果是则条件为真	(A <= B) 为真

表 1-5　C# 语言支持的所有赋值运算符

运算符	描述	实例
=	简单的赋值运算符，把右操作数的值赋给左操作数	C=A+B 将把 A+B 的值赋给 C
+=	加且赋值运算符，把右操作数与左操作数的和赋给左操作数	C+=A 相当于 C=C+A
–=	减且赋值运算符，把左操作数减去右操作数的结果赋值给左操作数	C–=A 相当于 C=C– A

续表

运算符	描述	实例
*=	乘且赋值运算符，把右操作数乘以左操作数的结果赋值给左操作数	C*=A 相当于 C=C*A
/=	除且赋值运算符，把左操作数除以右操作数的结果赋值给左操作数	C/=A 相当于 C=C/A
%=	求模且赋值运算符，求两个操作数的模赋值给左操作数	C%=A 相当于 C=C%A

表 1-6　C# 语言支持的其他重要的运算符

运算符	描述	实例
sizeof( )	返回数据类型的大小	sizeof(int)，将返回 4
typeof( )	返回 class 的类型	typeof(StreamReader);
&	返回变量的地址	&a; 将得到变量的实际地址
*	变量指针	*a; 将指向一个变量
? :	条件表达式	True?X:Y = X；False?X:Y = Y
is	判断对象是否为某一类型	If(Ford is Car) // 检查 Ford 是否是 Car 类的一个对象

（4）C#判断结构。

判断结构要求程序员指定一个或多个要评估或测试的条件，以及条件为真时要执行的语句（必需的）和条件为假时要执行的语句（可选的）。图1-2所示为C#语言中典型的判断结构的一般形式。

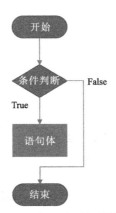

图 1-2　C#语言中典型的判断结构的一般形式

表1-7中罗列了C#语言提供的判断语句类型。

表 1-7　C# 语言提供的判断语句类型

语句	描述
if 语句	一个 if 语句由一个布尔表达式后跟一个或多个语句组成
if...else 语句	一个 if 语句后可跟一个可选的 else 语句，else 语句在布尔表达式为假时执行
嵌套 if 语句	可以在一个 if 或 else if 语句内使用另一个 if 或 else if 语句
switch 语句	一个 switch 语句允许测试一个变量等于多个值时的情况
嵌套 switch 语句	可以在一个 switch 语句内使用另一个 switch 语句

（5）C# 循环语句。

有时可能需要多次执行同一代码块。一般情况下，语句是顺序执行的：函数中的第一个语句先执行，接着是第二个语句，以此类推。C# 语言提供了允许更为复杂的执行路径的多种控制结构。循环语句允许我们多次执行一个语句或语句组，图 1-3 所示为 C# 语言中循环语句的一般形式。

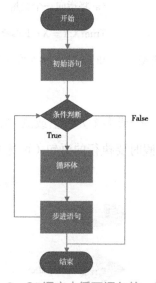

图 1-3　C# 语言中循环语句的一般形式

表 1-8 中罗列了 C# 语言提供的循环类型。

表 1-8　C# 语言提供的循环类型

循环类型	描述
while 循环	当给定条件为真时，重复执行语句或语句组。它会在执行循环主体之前测试条件
for/foreach 循环	多次执行一个语句序列，以简化管理循环变量的代码

续表

循环类型	描述
do...while 循环	除了它是在循环主体结尾测试条件外，其他与 while 语句类似
嵌套循环	可以在 while、for 或 do...while 循环内使用一个或多个循环

通过循环控制语句可以更改执行的正常序列。当执行离开一个范围时，所有在该范围中创建的自动对象都会被销毁。表1-9中罗列了C#语言提供的控制语句。

表 1-9　C# 语言提供的控制语句

控制语句	描述
break 语句	终止 loop 语句或 switch 语句的执行，程序流将继续执行紧接着 loop 或 switch 的下一条语句
continue 语句	让循环跳过主体的剩余部分，立即重新开始测试条件

5.C#开发环境及工具

Microsoft Visual Studio（视觉工作室，简称VS或MSVS）是微软公司推出的开发工具包系列产品。Microsoft Visual Studio是一个基本完整的开发工具集，其中包含了整个软件生命周期中所需要的大部分工具，如UML工具、代码管控工具、集成开发环境（IDE）等。所写的目标代码适用于微软支持的所有平台，包括Microsoft Windows、Windows Phone、Windows CE、.NET Framework、.NET Compact Framework 和 Microsoft Silverlight。

而 Visual Studio .NET 是用于快速生成企业级ASP.NET Web应用程序和高性能桌面应用程序的工具。Microsoft Visual Studio包含基于组件的开发工具（如 Visual C#、Visual J#、Visual Basic 和 Visual C++），以及许多用于简化基于小组的解决方案的设计、开发和部署的其他技术。Microsoft Visual Studio开发工具的图标如图1-4所示。

图 1-4　Microsoft Visual Studio 开发工具的图标

四、任务实施

1.C#程序开发环境的搭建与配置

步骤1：进入微软公司官网下载 Visual Studio 2019，单击"社区"下方的"免费下载"按钮，如图1-5所示。

图1-5　Visual Studio 2019 下载页面

步骤2：下载完成后打开 Visual Studio 2019，标题为"Visual Studio Installer"，单击"继续"按钮，如图1-6所示。

图1-6　安装 Visual Studio Installer

步骤3：Visual Studio Installer 下载与安装界面如图1-7所示。

图1-7　Visual Studio Installer 下载与安装界面

步骤4：安装完成后，在自动弹出的界面中选择".NET桌面开发"选项，位置可按需求更改，单击"安装"按钮，如图1-8所示。

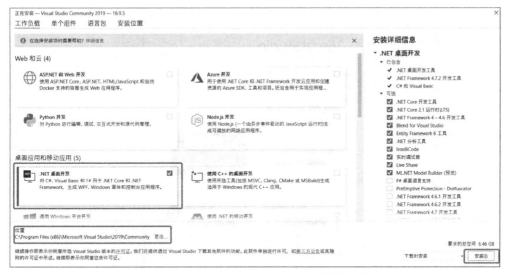

图 1-8　Visual studio Installer 安装配置界面

步骤5：等待安装完成。

步骤6：运行 Visual Studio 2019，跳过登录步骤（若有微软账户也可以登录）。Visual Studio登录界面如图1-9所示。

图 1-9　Visual Studio 登录界面

步骤7：配置开发设置，选择"Visual C#"选项，单击"启动 Visual Studio"按钮进入项目创建界面，如图1-10所示。

图 1-10　Visual Studio 初次启动配置

步骤8：Visual Studio 2019项目创建界面如图1-11所示，至此，C#程序开发环境已搭建并配置完成。

图 1-11　Visual Studio 2019 项目创建界面

2. 设计一个简单的C#程序

步骤1：在项目创建界面选择"创建新项目"选项，如图1-12所示。

图 1-12 创建新项目

步骤2：在第一个下拉列表框中选择C#语言，然后选择"控制台应用程序"选项，如图1-13所示，单击"下一步"按钮。

图 1-13 选择 C# 控制台应用程序

步骤3：将项目命名为"HelloWorldApplication"，并设置存储位置，单击"下一步"按钮，如图1-14所示。

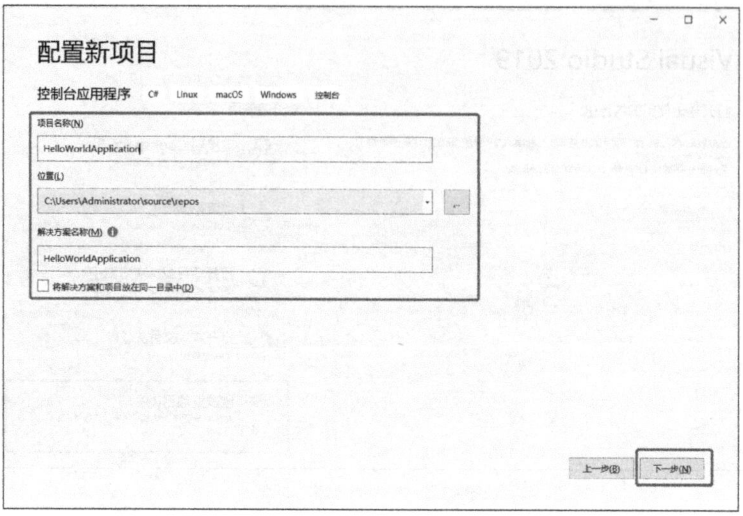

图 1-14　为 C# 项目命名

步骤 4：目标框架按照默认设置即可，单击"创建"按钮，如图 1-15 所示。

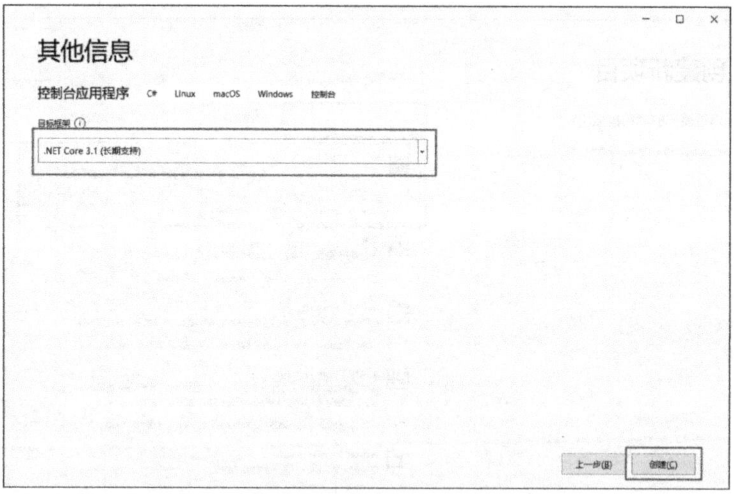

图 1-15　设置 C# 控制台应用程序其他信息

步骤 5：进入工作台，此处有默认代码。

C# 程序主要包括以下部分：

- 命名空间声明（Namespace Declaration）；

- 一个 class；

- class 方法；

- class 属性；

- 一个 Main 方法；

- 语句（Statements）& 表达式（Expressions）；
- 注释。

让我们看一个可以打印出"Hello World！"的 C# 程序的初始代码，如图 1-16 所示。

图 1-16　工作台默认 Hello World 程序代码

```
using System;
namespace HelloWorldApplication
{
    class HelloWorld
    {
        static void Main(string[] args)
        {
            Console.WriteLine("Hello World!");
            Console.ReadKey( );
        }
    }
}
```

程序代码各个部分说明如下：

- 程序的第一行using System;中，using关键字用于在程序中包含System命名空间。一个程序中一般有多个using语句。

• 程序的第二行是namespace声明。一个namespace是一系列的类。HelloWorld Application命名空间中包含了HelloWorld类。

• 程序的第四行是class声明。HelloWorld类中包含了程序使用的数据和方法声明。类中一般包含多个方法。方法定义了类的行为。在这里，HelloWorld类只有一个Main方法。

• 程序的第六行定义了Main方法，是所有C#程序的入口点。Main方法说明当执行时类将做什么动作。

• Main方法通过语句Console.WriteLine("Hello World!");指定了它的行为。WriteLine是一个定义在System命名空间中的Console类的一个方法。执行该语句会在屏幕上显示消息"Hello World!"。

• 最后针对VS.NET用户的Console.ReadKey( )，使程序等待一个按键的动作，防止程序在Visual Studio .NET启动时快速运行并关闭。

与Java程序不同的是，文件名可以不同于类的名称。以下几点需要注意：

• C#语言是大小写敏感的。

• 所有的语句和表达式必须以分号（;）结尾。

• 程序的执行从Main方法开始。

步骤6：尝试添加代码，输出文字"编写一个简单的C#程序。"如图1-17所示。

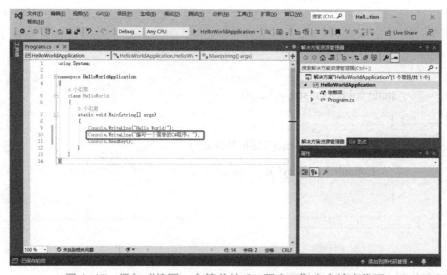

图1-17　添加"编写一个简单的C#程序。"文字输出代码

using system;

namespace HelloWorldApplication

```
{
    class HelloWorld
    {
        static void Main(string[] atgs)
        {
            Console.WriteLine("Hello World!");
            Console.WriteLine("编写一个简单的C#程序");
            Console.ReadKey();
        }
    }
}
```

3.编译和运行C#程序

步骤1：单击位于工具栏中间的三角按钮运行程序，如图1-18所示。

图1-18　单击三角按钮运行程序

步骤2：程序运行界面如图1-19所示，单击键盘中的任意键退出该界面。

图1-19　程序运行界面

4. 为C#程序添加注释

进行C#程序编码的时候，常常涉及代码注释，常见的注释包括以下两类。

（1）单行注释。该类注释格式为：//注释语句。

示例程序如下：

```
using system;
namespace HelloWorldApplication
{
    class HelloWorld
    {
        static void Main(string[] atgs)
        {
            //Console.WriteLine("Hello World!");
            Console.WriteLine("编写一个简单的C#程序");
            Console.ReadKey();
        }
    }
}
```

程序运行结果如图1-20所示。

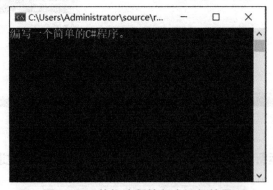

图1-20　单行注释的程序运行结果

```
Console.WriteLine("Hello World!");
```

语句被"//"注释后，不再输出。

（2）多行注释。该类注释格式为：/* 注释语句 ... */。

在代码中添加多行"Hello World！"并注释，代码如下：

```
using system;
namespace HelloWorldApplication
{
    class HelloWorld
    {
        static void Main(string[] atgs)
        {
            /*
            Console.WriteLine("Hello World!");
            Console.WriteLine("Hello World!");
            Console.WriteLine("Hello World!");
            */
            Console.WriteLine("编写一个简单的C#程序 ");
            Console.ReadKey();
        }
    }
}
```

程序运行结果如图 1-21 所示。

图 1-21　多行注释的程序运行结果

```
Console.WriteLine("Hello World!");
```

语句被 /* 注释语句 ... */ 注释后，不再输出。

（3）为代码添加注释。

示例程序如下：

```
using system;
namespace HelloWorldApplication
{
    class HelloWorld
    {
        static void Main(string[] atgs)
        {
            Console.WriteLine("Hello World!"); //这是一个输出 "Hello World !" 的语句
            Console.WriteLine("Hello World!");
            Console.WriteLine("Hello World!");
            /*
            *上面有三个输出
            *"Hello World!"
            *的语句
            */
            Console.WriteLine("编写一个简单的C#程序 ");
            Console.ReadKey();
        }
    }
}
```

程序运行结果如图1-22所示。

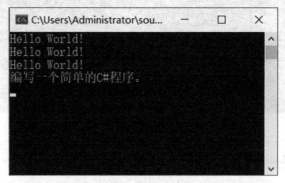

图1-22　添加代码注释后的程序运行结果

因为被"//"或"/*注释语句... */"注释后的内容，编译器将不再对其进行解析，所以我们常用其来做代码的注释，方便用户阅读与理解代码，也可用于程序测试。

5.C#程序的调试

步骤1：创建一个新项目，并将其命名为"Console Application"，然后输入如下代码，如图1-23所示。

```
using System;
class ArrayExample
{
    static void Main( )
    {
        char[] letters = { 'f', 'r', 'e', 'd', ' ', 's', 'm', 'i', 't', 'h'};
        string name = "";
        int[] a = new int[10];
        for (int i = 0; i < letters.Length; i++)
        {
            name += letters[i];
            a[i] = i + 1;
            SendMessage(name, a[i]);
        }
        Console.ReadKey();
    }
    static void SendMessage(string name, int msg)
    {
        Console.WriteLine("Hello, " + name + "! Count to " + msg);
    }
}
```

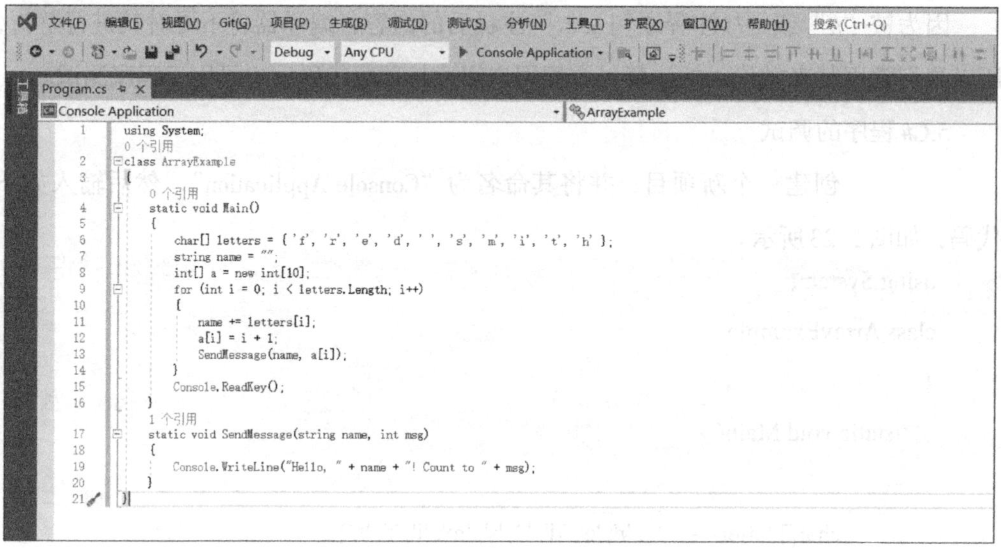

图1-23 创建新项目并输入代码

步骤2：按F5键，单击调试工具栏中的"开始调试"按钮（或选择"调试"→"开始调试"命令）调试程序，如图1-24所示。

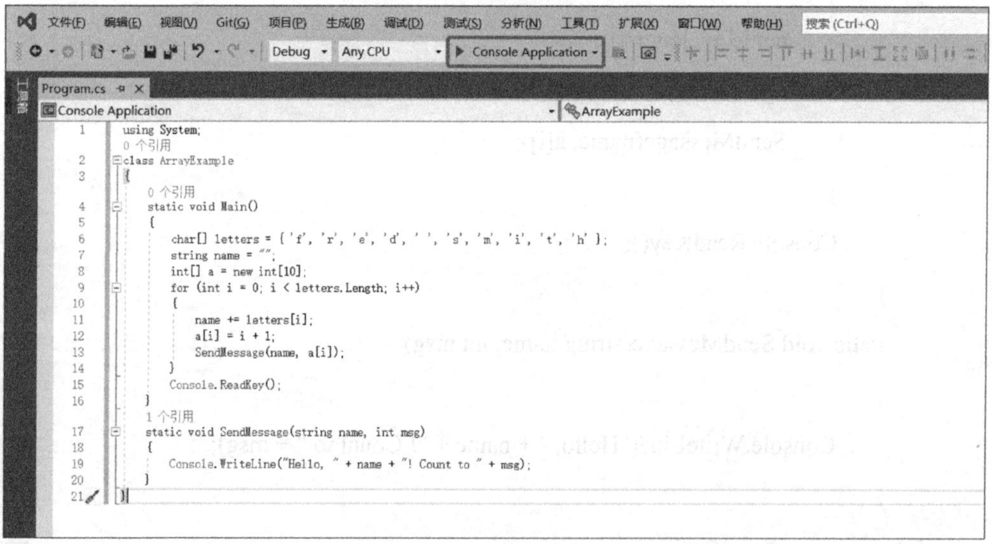

图1-24 单击"开始调试"按钮

通过F5键启动应用时，调试器会附加到应用进程，但现在我们还未执行任何特殊操作来检查代码。因此应用只会加载，控制台输出结果如图1-25所示。

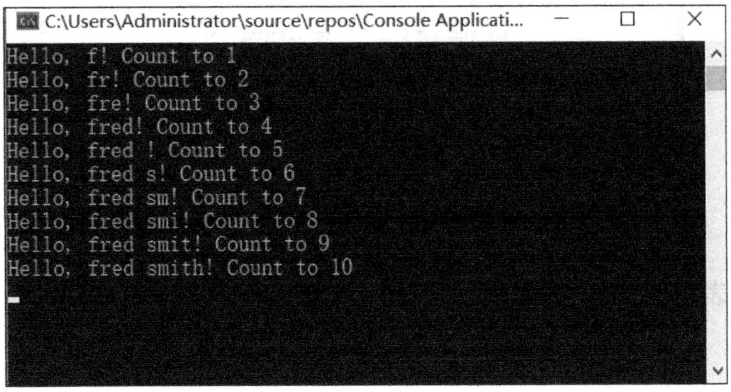

图 1-25　控制台输出结果

步骤3：为代码设置断点。

在 Main( )函数的 for 循环中，通过单击以下代码行的左边距来设置断点：

```
name += letters[i];
```

设置断点的位置会出现一个红色圆圈，如图1-26所示。

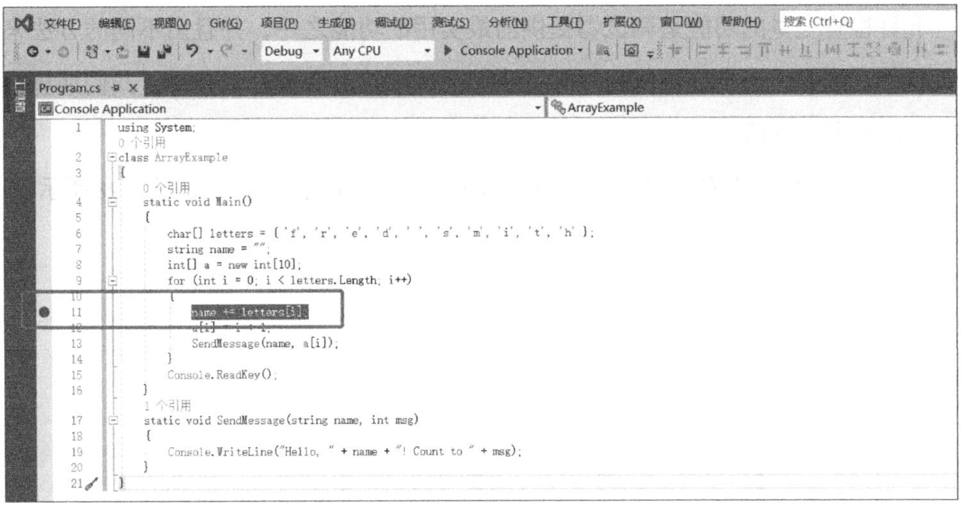

图 1-26　设置断点后的效果

断点是可靠调试的最基本和最重要的功能之一。断点用于指示 Microsoft Visual Studio 应在哪个位置挂起运行代码，以便查看变量的值或内存的行为，或者确定代码的分支是否运行。

按 F5 键或单击"开始调试"按钮，应用随即启动，调试器将运行到设置断点的代码行，如图1-27所示。

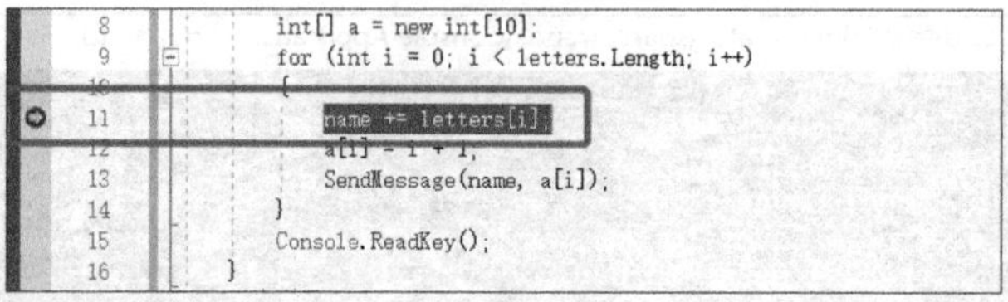

```
 8          int[] a = new int[10];
 9          for (int i = 0; i < letters.Length; i++)
10
11          name += letters[i];
12          a[i] = i + 1;
13          SendMessage(name, a[i]);
14          }
15          Console.ReadKey();
16      }
```

图 1-27　开始调试

黄色箭头表示调试器暂停执行的语句，它还在同一点上暂停应用运行（此语句尚未执行）。

如果应用尚未运行，按F5键会启动调试器并在第一个断点处停止应用运行。否则，按F5键将继续运行应用至下一个断点。

在要详细检查代码行或代码段时，断点功能非常有用。

步骤4：使用数据提示浏览代码和检查数据。

在 name += letters[i] 语句上暂停应用运行时，将鼠标悬停在 letters 变量上，会看到其默认值为数组中第一个元素的值 char[10]。

允许检查变量的功能是调试器提供的最实用的功能之一，并且由不同的方法来执行此操作。通常，当尝试调试程序时，我们会试图找出变量是否存储了我们期望它们在特定时间具有的值。

展开 letters 变量查看其属性，其中包括变量包含的所有元素，如图 1-28 所示。

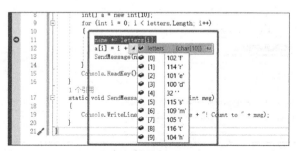

图 1-28　查看 letters 变量的属性

将鼠标悬停在 name 变量上，会看到其当前值为空字符串，如图 1-29 所示。

图 1-29　查看 name 变量的值

步骤5：常用的调试命令包括逐语句、逐过程和跳出。

逐语句：可以按F11键实现，用于逐条语句运行。

逐过程：可以按F10键实现。逐过程是指可以将方法作为一个整体去执行，不会跳进方法中执行。

跳出：可以按Shift+F11组合键实现。跳出是指退出程序的调试状态，并结束整个程序的运行。

按F10键将使调试器前进到下一条语句运行，如图1–30所示。

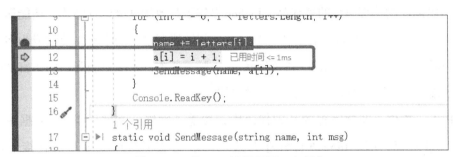

图 1–30　按 F10 键运行下一条语句

多按几次F10键（或选择"调试"→"单步跳过"命令），通过for循环执行多次循环访问，再次在断点处暂停，每次都将鼠标悬停在name变量上以检查其值。

变量的值随for循环的迭代而更改，显示的值依次为f、fr、fre、依此类推。要在此方案中更快地前进到循环，可以按F5键（或选择"调试器"→"继续"命令），此操作会使调试器前进到断点，而不是下一条语句。

通常情况下，在调试程序时，需要快速检查变量的属性值，以查看它们是否存储了我们期望它们在特定时间具有的值，可根据数据提示执行此操作。

任务2　Python 应用程序开发

一、任务描述

Python语言具有简洁性、易读性及可扩展性。通常情况下，Python被用来做数据分析，是一个比较完善的数据分析生态系统。Python也是进行Web开发使用的主流语言，在Web领域也有自己的框架，如django和flask等。在人工智能应用领域，得益于Python强大而丰富的库及数据分析能力，比如在神经网络、深度学习方面，Python都能够找到比较成熟的包加以调用。本节有5个针对Python编程的基本任务。

二、问题引导

（1）Python程序开发环境如何搭建与配置？

（2）如何编写、编译、运行和注释一个简单的Python程序？

三、知识准备

1.Python语言概述

Python由荷兰数学和计算机科学研究学会的吉多·范罗苏姆于1991年发行，作为一门叫作ABC的编程语言的替代品。Python提供了高效的高级数据结构，还能简单有效地面向对象编程。Python语法和动态类型及其解释型语言的本质，使它成为多数平台上写脚本和快速开发应用使用的编程语言，随着版本的不断更新和新的语言功能的添加，逐渐被应用于独立的、大型项目的开发。

Python提供了非常完善的基础代码库，覆盖了网络、文件、GUI、数据库、文本等大量内容。用Python进行程序开发，许多功能不必从零编写，直接使用已有的库即可。除了内置的库外，Python中还有大量的第三方库供编程人员直接使用。我们开发的代码通过封装，也可以作为第三方库给别人使用。目前，许多大型网站就是用Python开发的，如YouTube、Instagram，还有国内的豆瓣网。很多大公司，包括Google、Yahoo等，甚至是NASA（美国航空航天局）都大量地使用Python语言。

Python也有一些缺点。第一个缺点是运行速度慢，特别是和C程序相比会显得非常慢，因为Python是解释型语言，代码在执行时会一行一行地翻译成CPU能理解的机器码，这个翻译过程非常耗时。但这并不是一个很严重的问题，一方面，网络或磁盘的延迟会抵消部分Python本身消耗的时间；另一方面，Python特别容易和C程序结合起来使用，因此，我们可以通过分离一部分需要优化速度的应用，将其转换为编译好的扩展，并在整个系统中使用Python脚本将这部分应用连接起来，以提高程序的整体运行效率。

第二个缺点是代码不能加密。如果要发布Python程序，实际上就是发布源代码，这一点跟C程序发布时不同，C程序发布时不用发布源代码，只需要把编译后的机器码发布出去，因为要从机器码反推出C代码是不可能的，所以，凡是编译型的语言，都没有这个问题，而解释型的语言，则必须在程序发布时把源码发布出去。

以下为Python语言的基本语法规则及用法。

（1）Python变量类型。

在内存中存储的数据可以有多种类型。例如，一个人的年龄可以用数字来存储，他的名字可以用字符来存储。Python中定义了一些标准类型，用于存储各种类型的数据。以下是Python语言提供的5种标准数据类型：

①Numbers（数字）。

• int（有符号整型）；

• long（长整型，也可以代表八进制和十六进制）；

• float（浮点型）；

• complex（复数）。

②String（字符串）。

③List（列表）。

④Tuple（元组）。

⑤Dictionary（字典）。

（2）Python运算符。

Python语言支持以下类型的运算符：

• 算术运算符；

• 比较（关系）运算符；

• 赋值运算符；

• 逻辑运算符；

• 位运算符；

• 成员运算符；

• 身份运算符。

（3）Python条件语句。

Python条件语句通过一条或多条语句的执行结果（True或者False）来决定要执行的代码块。

可以通过图1-31来简单了解Python条件语句的执行过程。

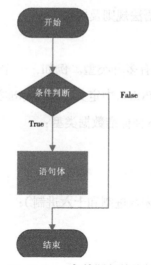

图 1-31 Python 条件语句的执行过程

Python程序语言中指定非0和非空（null）值为True，指定0或者null为False。

Python程序语言中if语句用于控制程序的执行，基本形式如下：

    if 判断条件：
        执行语句
    else ：
        执行语句

if语句的判断条件可以用>（大于）、<（小于）、==（等于）、>=（大于或等于）、<=（小于或等于）来表示其关系。

当判断条件为多个值时，可以使用如下形式：

    if 判断条件1:
        执行语句1
    elif 判断条件2:
        执行语句2
    elif 判断条件3:
        执行语句3
    else:
        执行语句4

（4）Python循环语句。

Python程序一般情况下是按顺序执行的。Python编程语言提供了各种控制结构，允许更为复杂的执行路径。Python循环语句允许我们多次执行一个语句或语句组，图1-32所示为Python循环语句的一般流程。

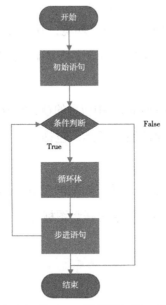

图 1-32　Python 循环语句的一般流程

①Python循环语句的类型（Python中没有do...while循环）。

• while循环：在给定的判断条件为True时执行循环体，否则退出循环体。

• for循环：重复执行语句。

• 嵌套循环：可以在while循环体中嵌套for循环。

②Python循环控制语句。

• break语句：在语句块执行过程中终止循环，并且跳出整个循环。

• continue语句：在语句块执行过程中终止当前循环，跳出该次循环，执行下一次循环。

• pass语句：是空语句，作用是保持程序结构的完整性。

2.Python程序开发环境及工具

（1）The Eric Python IDE：是一个自由的软件集成开发环境，主要为开发使用Python和Ruby语言编写的程序而设计。在某个时期内，Eric 4是这款软件针对Python 2的变种，而Eric 5则针对Python 3。但Eric 6发布以后，两者均由同一份代码所支持。

从设计上来看，它是数个程序的前端，如QScintilla编辑器小工具、Python语言解释器、代码重构工具、用来进行性能分析的Python Profiler等。它使用PyQt这个Qt部件工具箱的Python绑定。程序的功能也可以经由插件机制进行扩展。Eric插件仓库提供了不同类型的扩展，可以在IDE中直接使用。The Eric Python IDE首页如图1-33所示。

The Eric Python IDE工具具有以下特色：

• 同时提供Python 2/3、PyQt 4/5的开发环境，开发者可以根据实际需要自由选择；

• 与版本控制系统整合，当前版本内建支持Mercurial和Subversion，可通过可选插件支持Git；

• 与Qt整合，可以直接调用Qt Creator中包含的Qt设计师、Qt语言家等Qt开发工具；

• 在IDE窗口内提供了内建的通信工具，包括一个IRC客户端和一个轻量级的协作工具；

• 提供了丰富而实用的独立小工具，如截图工具、网页浏览器、SQL数据库浏览器、迷你文本编辑器、图标编辑器、系统托盘图标等。

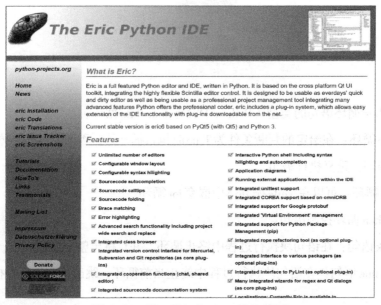

图 1-33　The Eric Python IDE 首页

（2）PyCharm：是一个用于计算机编程的集成开发环境（IDE），主要用于Python语言开发，由捷克公司JetBrains开发，提供代码分析、图形化调试器、集成测试器、集成版本控制系统，并支持使用Django进行网页开发。

PyCharm是一个跨平台开发环境，拥有Microsoft Windows、Mac OS和Linux版本。社区版在Apache许可证下发布；专业版在专用许可证下发布，拥有许多额外功能。PyCharm首页如图1-34所示。

PyCharm 的主要功能如下：

• 代码分析与辅助功能：拥有补全代码、高亮语法和错误提示功能；

• 项目和代码导航：专门的项目视图、文件结构视图，以及文件、类、方法和用例的快速跳转；

• 重构：包括重命名、提取方法、引入变量、引入常量、pull、push 等；

• 支持网络框架：Django、web2py 和 Flask；

• 集成 Python 调试器；

• 集成单元测试，按行覆盖代码；

• Google App Engine 下的 Python 开发；

• 集成版本控制系统：为 Mercurial、Git、Subversion、Perforce 和 CVS 提供统一的用户界面，拥有修改及合并功能。

图 1-34　Pycharm 首页

（3）Visual Studio：Visual Studio "集成开发环境" 是面向 Python（和其他语言）的创新启动版，可用于编辑、调试并生成代码，然后发布应用。集成开发环境（IDE）是一个功能丰富的程序，可用于软件开发的许多方面。除了大多数 IDE 提供的标准编辑器和调试器外，Visual Studio 还包括代码完成工具、交互式 REPL 环境及其他功能，以简化软件开发过程。Visual Studio 首页如图 1-35 所示。

Visual Studio 具有以下面向 Python 的强大功能：

• 无项目运行代码：自 Visual Studio 2019 起，可以打开包含 Python 代码的文件夹，以使用 IntelliSense 和调试等功能，而无须为代码创建 Visual Studio 项目。

• 使用 Visual Studio 进行协作：使用 Visual Studio Live Share，无论使用什么编程语言或要生成哪种类型的应用，均可以与他人实时协作进行编辑和调试。

• Python 交互式 REPL：Visual Studio 为每个 Python 环境提供交互读取—评估—打

印—循环（REPL）窗口，改进了在命令行中运行 python.exe 获得的 REPL。在"交互式"窗口中，可以输入任意 Python 代码并查看即时结果。

• 调试：Visual Studio 提供全面的 Python 调试体验，包括附加在正在运行的进程，在监视窗口和即时窗口中计算表达式、检查局部变量、断点、单步执行/单步跳出/单步跳过语句，设置下一语句等，用户还可以调试在 Linux 计算机上运行的远程 Python 代码。

• 与 C++ 语言交互：为 Python 创建的许多库都是用 C++ 语言编写的，旨在获得最佳性能。Visual Studio 提供了丰富的用于开发 C++ 扩展的工具，包括混合模式调试。

• 分析：使用基于 CPython 的解释器时，可以在 Visual Studio 中评估 Python 代码的性能。

• 单元测试：Visual Studio 在 IDE 上下文中为单元测试的发现、运行和调试提供集成支持。

图 1-35　Visual Studio 首页

四、任务实施

1.Python 程序开发环境的搭建与配置

步骤1：打开 Visual Studio 2019，单击"创建新项目"按钮，如图 1-36 所示。

图 1-36　创建新项目

步骤2：在第一个下拉列表框中选择"Python"选项，然后单击"未找到你要查找的内容？安装多个工具和功能"按钮，如图1-37所示。

图1-37 选择安装工具和功能

步骤3：在弹出的安装选择对话框中勾选"Python开发"复选框，单击"修改"按钮，如图1-38所示。

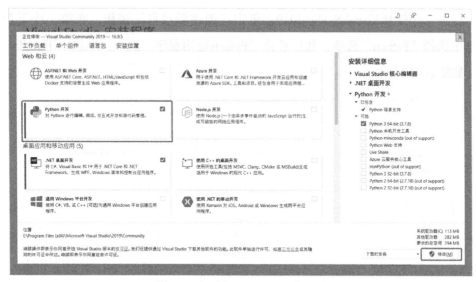

图1-38 选择 Python 开发工具

步骤4：安装完成后，重新启动 Visual Studio 2019，至此，Python程序开发环境已搭建并配置完成，如图1-39所示。

图 1-39　Python 程序开发环境搭建并配置完成

步骤5：为项目命名，设置存储位置，完成项目创建。

2. 设计一个简单的Python程序

步骤1：打开Visual Studio 2019，单击"创建新项目"按钮，在第一个下拉列表框中选择"Python"选项，然后选择"Python应用程序"选项，单击"下一步"按钮，如图1-40所示。

图 1-40　创建 Python 应用程序

步骤2：为项目命名，设置存储位置，单击"创建"按钮，如图1-41所示。

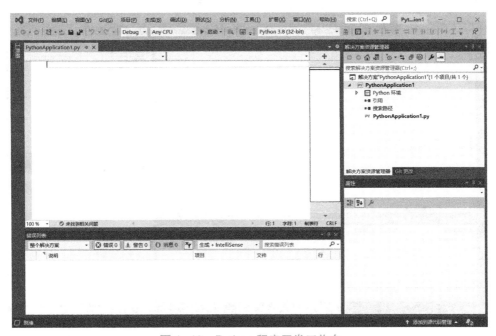

图 1-41　配置项目信息

步骤3：进入Python程序开发工作台，如图1-42所示。

图 1-42　Python 程序开发工作台

步骤4：在第一行输入如下代码，如图1-43所示。

```
print('Hello, World')
```

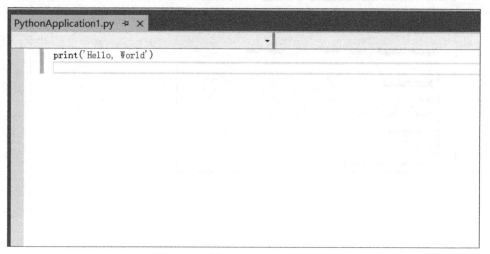

图 1–43　输入 Hello World 代码

3.编译并运行Python程序

步骤1：单击位于工具栏中间的"启动"三角按钮运行程序，如图1–44所示。

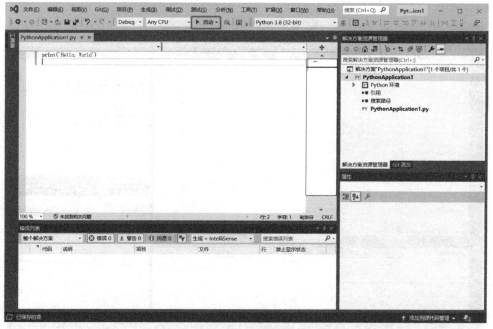

图 1–44　单击"启动"按钮

步骤2：弹出窗口显示"Hello,World"，如图1–45所示，程序运行成功。

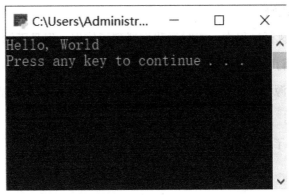

图 1-45　程序运行结果

4.为Python程序添加注释

进行Python编码的时候常常涉及代码注释，常见的代码注释有以下两类：

• 单行注释：# Comments... ；

• 多行注释：''' Comments... '''（三个单引号）或 """ Comments... """（三个双引号）。

使用#符号添加注释：

```
# 这是一个注释
print('Hello, World')
```

使用 ''' Comments... '''（三个单引号）添加注释：

```
'''
这是多行注释，用三个单引号
这是多行注释，用三个单引号
这是多行注释，用三个单引号
'''
print('Hello, World')
```

使用 """ Comments... """（三个双引号）添加注释：

```
"""
这是多行注释，用三个双引号
这是多行注释，用三个双引号
这是多行注释，用三个双引号
"""
print('Hello, World')
```

5. 调试 Python 代码

在 Python 代码执行过程中，有时候我们遇到了错误，但是不知道错误是在何处发生的，这个时候我们可以用 Python 自带的 pdb 工具来进行调试。pdb 工具为 Python 程序提供了一种交互的源代码调试功能，主要包括设置断点、单步调试、进入函数调试、查看当前代码段等。

表 1–10 中列出了常用的 pdb 命令。

表 1–10　常用的 pdb 命令

命令	解析
break 或 b	设置断点
continue 或 c	继续执行程序
list 或 l	查看当前行代码段
step 或 s	进入函数
return 或 r	执行代码直到从当前函数返回
exit 或 q	终止并退出
next 或 n	执行下一行语句
pp	打印变量的值
help	帮助

步骤 1：使用 pdb.set_trace( ) 函数进入调试模式。

```
"""
这是多行注释，用三个双引号
这是多行注释，用三个双引号
这是多行注释，用三个双引号
"""
pdb.set_trace( )
print('Hello, World1')
print('Hello, World2')
print('Hello, World3')
```

步骤 2：单击运行程序并查看结果，如图 1–46 所示。

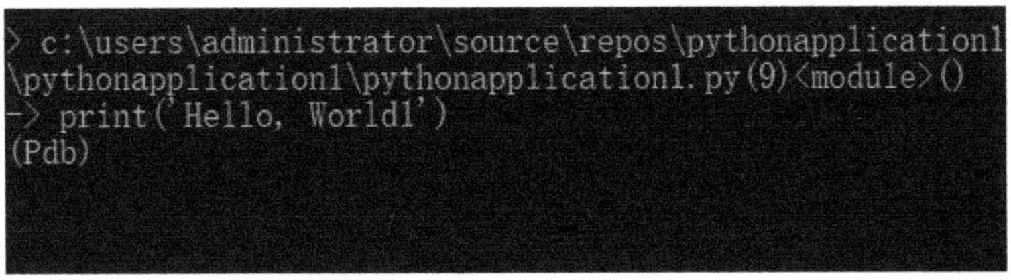

图 1-46 pdb 调试

步骤 3：尝试使用命令 l 来输出当前行代码，如图 1-47 所示。程序在运行第 9 行语句之前停止执行，此处称为断点。

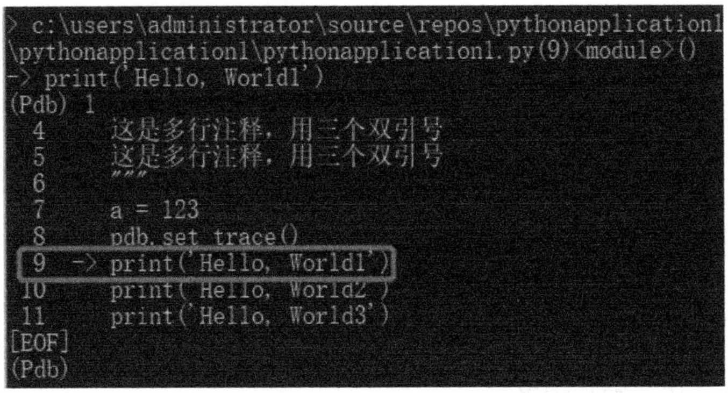

图 1-47 pdb 工具中的 l 命令

步骤 4：尝试使用命令 n 使程序执行下一行代码。继续运行程序，输出图 1-47 中的第 9 行内容，第 10 行变为断点，如图 1-48 所示。

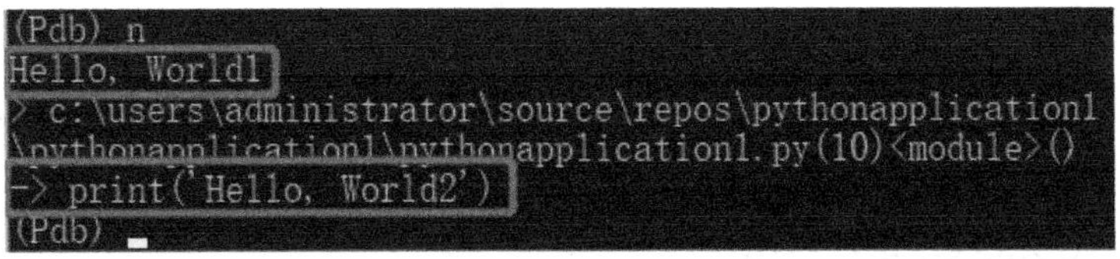

图 1-48 pdb 工具中的 n 命令

五、知识拓展

（1）内建函数(__xxx__)：这种带下画线的内建函数，开放了很多 Python 的特殊用法，只要熟练掌握，就会理解平时用到的数据结构是复写了什么方法，自己也可以写出类似 set、dqueue、dict、list 的数据类型方法。

（2）动态地创建类：因为类也是对象，你可以在程序运行时动态地创建它们，就像其他任何对象一样。你可以在函数中创建类，使用 class 关键字即可。

（3）私有变量(__xx)：Python 类里的私有变量就是在变量前面加两个下画线这样

使用，但是这只是在使用上的私有变量，不像Java中那种私有变量只能通过内部函数修改，Python中的私有变量可以通过对象._类名__参数从外部引用。

 项目实训

九九乘法口诀表设计与实现

一、实训目的

通过九九乘法口诀表的设计与实现，促进对软件开发的理解，巩固课程中Python语言的基础知识，并在完成后对代码进行优化，尝试使用新的方式实现，进一步加强对算法的理解。

二、实训内容

• 创建并配置项目；

• 使用Python语言编写程序；

• 运行程序，检验结果；

• 使用其他思路编写程序，并测试。

三、实训步骤

1.创建项目

（1）打开 Visual Studio 2019，单击"创建新项目"按钮，如图1-49所示。

图 1-49　Visual Studio 2019 启动界面

（2）在第一个下拉列表框中选择"Python"选项，然后选择"Python应用程序"选项，单击"下一步"按钮，如图1–50所示。

图 1–50　创建 Python 应用程序

（3）为项目命名，设置存储位置，单击"创建"按钮，如图1–51所示。

图 1–51　配置项目信息

（4）项目创建完成，如图1-52所示。

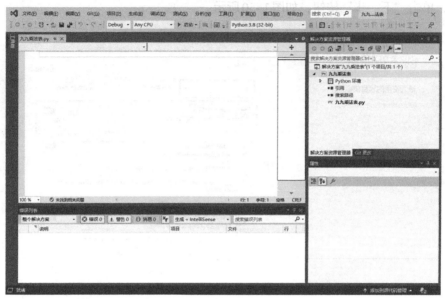

图1-52　"九九乘法表"项目创建完成

2.编写代码

在Python程序开发工作台输入如下代码：

```python
for i in range(1, 10):
    for j in range(1, i+1):
        if i == j:
            print("%d*%d=%d" % (j,i,i*j), end="\n")  # i == j 则做换行处理
        else:
            print("%d*%d=%d" % (j,i,i*j), end="\t")  #其他的做 \t 间隔
```

3.测试运行结果

九九乘法口诀表程序运行结果如图1-53所示。

```
C:\Users\Administrator\AppData\Local\Programs\Python\Python38-32\...         □ ×
1*1=1
1*2=2    2*2=4
1*3=3    2*3=6    3*3=9
1*4=4    2*4=8    3*4=12   4*4=16
1*5=5    2*5=10   3*5=15   4*5=20   5*5=25
1*6=6    2*6=12   3*6=18   4*6=24   5*6=30   6*6=36
1*7=7    2*7=14   3*7=21   4*7=28   5*7=35   6*7=42   7*7=49
1*8=8    2*8=16   3*8=24   4*8=32   5*8=40   6*8=48   7*8=56   8*8=64
1*9=9    2*9=18   3*9=27   4*9=36   5*9=45   6*9=54   7*9=63   8*9=72   9*9=81
Press any key to continue . . .
```

图1-53　九九乘法口诀表程序运行结果

四、实训报告要求

认真完成实训，并撰写实训报告，报告需包含以下内容：

（1）实训名称；

（2）学生姓名、学号；

（3）实训日期和地点（年、月、日）；

（4）实训目的；

（5）实训内容；

（6）实训环境；

（7）实训步骤；

（8）实训总结。

课后习题

1.在C#应用程序中，下列循环语句中不管在什么条件下至少会执行一次循环体的是（　　）。

A. for循环　　　　B. foreach循环　　　　C. while循环　　　　D. do...while循环

2.在C#应用程序中，一般在程序的开头使用关键字（　　）来引入命名空间。

A. class　　　　B. using　　　　C. in　　　　D. this

3.关于C#语言的基本语法，下列哪些说法是正确的？（　　）

A. C#语言使用using关键字来引用.NET预定义的命名空间

B. 用C#语言编写的程序中，Main()函数是唯一允许的全局函数

C. C#程序语言中使用的名称不区分大小写

D. C#程序中一条语句必须写在一行内

4.在C#程序中，表示一个字符串的变量应使用下列哪条语句定义？（　　）

A. CString str;　　　B. string str;　　　C. Dim str as string　　　D. char * str;

5.下列选项中不属于Python特性的是（　　）。

A. 简单易学　　　B. 开源免费　　　C. 属于低级程序设计语言　　　D. 高可移植性

6. Python脚本文件的扩展名为（　　）。

A. .python　　　B. .py　　　C. .pt　　　D. .pg

7. 下列哪种说法是错误的？（　　　）

A. 空字符串的布尔值是false

B. 空列表对象的布尔值是false

C. 值为0的任何数字对象的布尔值都是false

D. 除字典类型外，所有标准对象均可以用于布尔测试

8. 使用（　　　）关键字来创建Python自定义函数。

A. function　　　　B. func　　　　　　C. procedure　　　　　　D. def

9. Python不支持的数据类型有（　　　）。

A. char　　　　　　B. int　　　　　　　C. float　　　　　　　　D. list

10. 下列哪个符号可以用作Python注释？（　　　）

A. *　　　　　　　B (comment)　　　　C. //　　　　　　　　　D. #

11. 下列哪个标记可以用作Python的多行注释？（　　　）

A. '''　　　　　　　B. ///　　　　　　　C. ###　　　　　　　　D. (comment)

12. Python中，下列哪个赋值操作符是错误的？（　　　）

A. +=　　　　　　　B. -=　　　　　　　C. *=　　　　　　　　　D. X=

13. 下列哪项不是Python的数据类型？（　　　）

A. 列表（List）　　　　　　　　　B. 字典（Dictionary）

C. 元组（Tuples）　　　　　　　　D. 类（Class）

14. 下列哪条if语句是正确的？（　　　）

A. if a >= 22;　　B. if (a >= 22)　　C. if (a => 22)　　D. if a >= 22

15. 下列代码中哪条是正确的for循环语句？（　　　）

A. for(a = 0; a < 3; a++)　　　　　　B. for a in range(3)

C. for a loop 3;　　　　　　　　　　D. for a in range(1,3);

项目二

云计算资源管理

 学习目标

一、知识目标

（1）掌握OSI七层架构、网络协议（IP）、交换技术、路由技术的概念及原理；

（2）掌握常见关系型数据库，掌握常见虚拟化软件和Docker概念；

（3）掌握云计算基础架构、业界主流云产品和云服务器产品类型、特性及优势；

（4）掌握云存储、云网络、云数据库产品功能、优势及应用场景。

二、技能目标

（1）掌握绘图工具的使用方法，熟悉常用网络命令，能够进行网络管理；

（2）掌握交换技术、路由技术，能够辨识路由器硬件；

（3）掌握MySQL的安装、部署、连接、用户管理、查询、状态监控、数据备份等操作；

（4）掌握KVM安装和KVM虚拟化应用；

（5）掌握云服务器实例管理、云服务器磁盘管理、云服务器镜像管理方式。

三、素质目标

（1）培养网络资源规划设计能力；

（2）培养数据库和虚拟化资源管理能力；

（3）培养公有云云计算资源管理能力；

（4）培养理论与实操的结合能力；

（5）提升团队协作能力。

 项目描述

一、项目背景及需求

网络论坛又称为电子公告板（如图2-1所示），它提供一块公共的电子白板给用户书写信息。用户在网络论坛上除了可以发布信息、获取信息，还可以进行讨论和聊天，是一种交互性强、内容丰富及时的电子信息服务系统。现在这种论坛形式的服务系统几乎覆盖了各类网上应用，用来增加用户间的互动和丰富应用的内容。专题类的论坛还有利于信息分类整合和搜集，对学术、科研和教学都有着重要作用。在本项目中，通过搭建云服务器环境、安装数据库、上传Discuz!论坛源码完成论坛的创建。在此之前，读者需要掌握网络、服务器、数据库、云等知识，对云计算资源进行管理，做好搭建云上论坛的准备工作。

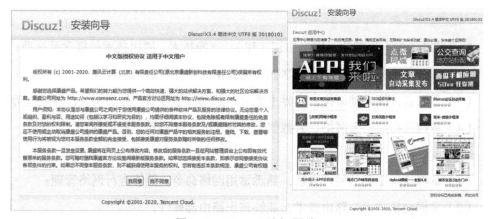

图 2-1　Discuz! 论坛网站

二、项目任务

网上论坛的搭建包括网络资源管理、关系型数据库管理、虚拟化管理、公有云云计算资源管理4个部分，如图2-2所示。

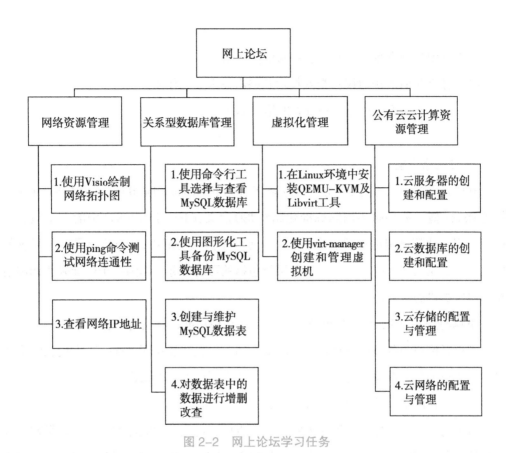

图2-2 网上论坛学习任务

◆ 项目任务实施

任务3 网络资源管理

一、任务描述

以网络为核心的信息时代,其重要特征是数字化、网络化和信息化。发展最快并起到了核心作用的计算机网络,可以帮助用户迅速传送数据文件,以及在网络上查找信息并从中获取各种有用资料,在信息化过程中具有十分重要的地位。网上论坛必须通过网络进行连接和访问,对于网络资源进行管理,项目建设者必须掌握计算机网络的概念和相关技术。

二、问题引导

（1）网络模型有哪些？如何绘制网络拓扑图？

（2）什么是TCP/IP协议？交互技术和路由技术又是什么？

（3）如何测试网络连通性和查看网络IP地址？

三、知识准备

1.OSI网络模型

开放式系统互联通信参考模型（Open System Interconnection Reference Model，OSI），简称OSI模型，是1984年国际标准化组织ISO定义在ISO/IEC7498-1中的一个概念性框架，用来协调制定进程间通信标准。作为一个协议规范集，OSI定义了开放系统的层次结构、层次之间的相互关系及各层所包括的可能任务，作为一个框架来协调和组织各层所提供的服务。

OSI模型每一层都是一个模块，用于实现某种功能，并具有自己的通信协议。划分原则包括网络中各节点具有相同的层次、同等层次功能相同；同一节点内相邻层通过接口进行通信、底层向高层提供服务；各节点同层通过协议进行通信等，以此规则将整个计算机网络体系结构划分为如图2-3所示的七层。

（1）物理层：主要定义了系统的电气、机械、过程和功能标准。它负责管理计算机通信设备和网络媒体之间的互通，包括定义针脚、电压、线缆规范、集线器、中继器、网卡、主机适配器等。

（2）数据链路层：主要负责网络寻址、错误侦测和改错，决定了访问网络介质的方式。当数据链表头和表尾被加至数据包时，会形成帧。数据链表头（DLH）包含了物理地址和错误侦测及改错的方法。数据链表尾（DLT）是一串指示数据包末端的字符串，如以太网、无线局域网等。

（3）网络层：决定数据的路径选择和转寄，将网络表头（NH）加至数据包，以形成分组。网络表头包含了网络数据，如网络协议（IP）等。

（4）传输层：提供终端到终端的可靠连接，主要是把传输表头（TH）加至数据包。传输表头中包含了所使用的协议等发送信息，如传输控制协议（TCP）等。

（5）会话层：负责在数据传输中设置和维护计算机网络中两台计算机之间的通信连接。

（6）表示层：协商数据交换格式，把数据转换为能与接收者的系统格式兼容并适合传输的格式。

（7）应用层：用户的应用程序和网络之间的接口，以设置与另一应用软件之间的通信，如HTTP、HTTPS、FTP、Telnet、SSH、SMTP、POP3等。

OSI七层模型中，用于实现该层功能的活动元素被称为实体，实体既可以是软件实体（如一个进程、电子邮件系统、应用程序等），也可以是硬件实体（如终端、智能输入/输出芯片等）。软件实体可以嵌入在本地操作系统或用户应用程序中。不同机器上位于同一层次、完成相同功能的实体被称为对等实体，如主机A和主机B传输层中的传输实体即为对等实体。不同主机之间的相同层被称为对等层，如主机A的应用层和主机B的应用层互为对等层、主机A的会话层和主机B的会话层互为对等层。每一层实体为相邻的上一层实体提供的通信功能被称为服务。例如，传输层实体利用网络层实体的服务，向应用层实体提供网页传输服务。在OSI环境中，对等实体间按协议进行通信，上下层实体间按服务进行通信。这些通信都依靠服务数据单元、协议数据单元、接口数据单元3种数据单元间的数据传输来实现。层与层之间具有服务与被服务的单向依赖关系，下层向上层提供服务，而上层调用下层的服务。因此，可称任意相邻两层的下层为服务提供者，上层为服务用户。下层为上层提供的服务可分为两类：面向连接服务和无连接服务。服务是通过一组服务原语来描述的，服务原语被分为请求、指示、响应、证实4类。OSI七层模型如图2-3所示。

应用层	⑦	提供应用程序间通信
表示层	⑥	处理数据格式、数据加密
会话层	⑤	建立、维护和管理会话
传输层	④	建立主机端到端连接
网络层	③	寻址和路由选择
数据链路层	②	提供介质访问、链路管理
物理层	①	比特流传输

图 2-3 OSI 七层模型

2.网络拓扑图

网络拓扑图是指由网络节点设备和通信介质构成的网络结构图。网络拓扑结构是指用传输媒体互连各种设备的物理布局，就是用一种方式把网络中的计算机等设备连接起来。网络拓扑图能够给出网络服务器、工作站的网络配置和相互间的连接关系，其结构主要有星形拓扑结构、环形拓扑结构、总线拓扑结构、分布式拓扑结构、树形拓扑结构、网状拓扑结构、蜂窝状拓扑结构等。

在网络拓扑图中，节点指的是网络单元。网络单元是网络系统中的各种数据处理设备、数据通信控制设备和数据终端设备。链路是两个节点间的连线。链路分"物理链路"和"逻辑链路"两种，前者是指实际存在的通信连线，后者是指在逻辑上起作用的网络通路。链路容量是指每个链路在单位时间内可接纳的最大信息量。通路是从发出信息的节点到接收信息的节点之间的一串节点和链路。也就是说，它是一系列穿越通信网络建立起来的节点到节点的链路。

大多数LAN使用的网络拓扑结构是星形拓扑结构、环形拓扑结构和总线拓扑结构。

星形拓扑结构是指各工作站以星形方式连接成网。网络中有中央节点，其他节点（工作站、服务器）都与中央节点直接相连，这种结构以中央节点为中心，因此又称为集中式网络。这种结构便于集中控制，也有易于维护和安全性高等优点，同时它的网络延迟较小，传输误差较低。但这种网络拓扑结构的中心系统必须具有极高的可靠性，因为中心系统一旦损坏，整个系统便趋于瘫痪。鉴于此，中心系统通常采用双机热备份，以提高系统的可靠性。

在环形拓扑结构中，传输媒体从一个端用户到另一个端用户，直到将所有的端用户连成环形网络。数据在环路中沿着一个方向在各个节点间传输，信息从一个节点传输到另一个节点。这种结构消除了端用户通信时对中心系统的依赖性。每个端用户都与两个相邻的端用户相连，以单向方式操作，信息流在网络中是沿着固定方向流动的，简化了路径选择控制流程。但是这种网络拓扑结构缺点也比较明显，包括：当环路中节点过多时，将影响信息的传输速率，使网络的响应时间延长；同时环路是封闭的，不方便扩充；可靠性低，一个节点发生故障，将会造成全网瘫痪；对节点故障的排查和维护难度较大。

总线拓扑结构是使用同一媒体或电缆连接所有端用户的一种方式，连接端用户的物理媒体由所有设备共享，各工作站地位平等，无中心节点控制，公用总线上的信息多以基带形式串行传递，其传递方向总是从发送信息的节点开始向两端扩散，如同广播电台发射的信息一样，因此又称广播式计算机网络。使用这种网络拓扑结构必须确保端用户使用媒体发送数据时不能出现冲突。在进行点到点链路配置时，这是相当简单的。在一点到多点方式中，对线路的访问依靠控制端的探询来确定。一般使用带有碰撞检测的载波侦听多路访问，这种网络拓扑结构具有费用低、数据端用户入网灵活、站点或某个端用户网络拓扑连接失效不影响其他站点或端用户通信的优点。缺点是一次仅能一个端用户发送数据，其他端用户必须等待获得发送权；媒体访问获取机制较复杂；维护难，分支节点故障查找难。尽管有上述缺点，但由于布线要求简单，扩充容易，端用户失效、增删不影响全网工作，所以总线拓扑结构是目前LAN技术中应用最普遍的一种网络拓扑结构。

常见的网络拓扑结构如图2-4所示。

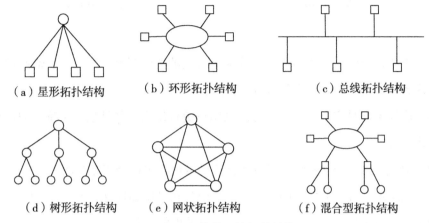

（a）星形拓扑结构　　（b）环形拓扑结构　　（c）总线拓扑结构

（d）树形拓扑结构　　（e）网状拓扑结构　　（f）混合型拓扑结构

图2-4　常见的网络拓扑结构

3.TCP/IP协议

传输控制/网络协议（Transmission Control Protocol/Internet Protocol，TCP/IP）是指能够在多个不同网络间实现信息传输的协议簇。TCP/IP协议簇由FTP、SMTP、TCP、UDP、IP等协议构成，因为其中TCP协议和IP协议最具代表性，所以被称为TCP/IP协议。

TCP/IP协议对互联网中各部分进行通信的标准和方法进行了规定，它在一定程度上参考了OSI的体系结构。如前所述，OSI模型包含物理层、数据链路层、网络层、传输层、会话层、表示层、应用层七层，显然这有些复杂，所以OSI模型的七层在TCP/IP协议中被简化为四层，分别为网络接口层（数据链路层）、网络层、传输层和应用层。

其中，网络接口层（数据链路层）的主要协议有ARP、RARP，主要功能是提供链路管理错误检测、对不同通信媒介有关信息细节问题进行有效处理等；网络层的主要协议有ICMP、IP、IGMP，主要负责网络中数据包的传送等；传输层的主要协议有TCP、UDP，是使用者使用平台和计算机信息网内部数据结合的通道，可以实现数据传输与数据共享；应用层的主要协议有Telnet、FTP、SMTP等，用来接收来自传输层的数据或者按不同应用要求与方式将数据传输至传输层。TCP/IP四层结构如图2-5所示。

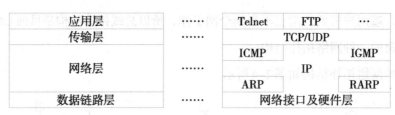

图 2-5　TCP/IP 四层结构

　　TCP/IP 协议能够迅速发展起来并成为事实上的通信标准，原因是它恰好适应了世界范围内数据通信的需要。它具有以下特点：

　　（1）协议标准是完全开放的，可以供用户免费使用，并且独立于特定的计算机硬件与操作系统。

　　（2）独立于网络硬件系统，可以运行于广域网，更适合于互联网。

　　（3）网络地址统一分配，网络中每一个设备和终端都具有一个唯一地址。

　　（4）高层协议标准化，可以提供多种可靠的网络服务。

　　4.交换技术及原理

　　局域网交换技术是 OSI 参考模型中的第二层——数据链路层上的技术，所谓"交换"实际上是指转发数据帧。在数据通信中，所有的交换设备都执行两个基本的操作：交换数据帧和生成并维护交换地址表。

　　（1）交换数据帧。

　　交换机根据数据帧的 MAC 地址（物理地址）进行数据帧转发操作。交换机转发数据帧时，如果数据帧的目的 MAC 地址是广播地址或者组播地址，则向交换机所有端口转发数据帧；如果数据帧的目的 MAC 地址是单播地址，但是这个地址并不在交换机的地址表中，那么也会向所有的端口转发数据帧；如果数据帧的目的 MAC 地址在交换机的地址表中，那么就根据地址表转发到相应的端口；如果数据帧的目的地址与数据帧的源地址在一个网段上，就会丢弃这个数据帧。

　　（2）生成并维护交换地址表。

　　在交换机的交换地址表中，一条表项主要由一个主机 MAC 地址和该地址所位于的交换机的端口号组成。整张地址表的生成采用动态自学习的方法，即当交换机收到一个数据帧以后，将数据帧的源地址和输入端口记录在交换地址表中。在存放交换地址表项之前，交换机首先应该查找地址表中是否已经存在该源地址的匹配表项，仅当匹配表项不存在时才能存储该表项。每一条地址表项都有一个时间标记，用来指示该表项存储的时间周期。地址表项每次被使用或者被查找时，表项的时间标记都会更新。如果在一定的时间范围内地址表项仍然没有被引用，它就会从地址表中被移除。因此，交换地址表中所维护的一直是最有效和最精确的地址——端口信息。

5.路由技术及原理

路由技术主要是指路由选择算法、Internet的路由选择协议的特点及分类。其中，路由选择算法可以分为静态路由选择算法和动态路由选择算法。Internet的路由选择协议的特点是：属于自适应的选择协议（动态的），是分布式路由选择协议；采用分层次的路由选择协议，即分自治系统内部路由选择协议和自治系统外部路由选择协议。Internet的路由选择协议分为两大类：内部网关协议（IGP，具体的协议有RIP和OSPF协议等）和外部网关协议（EGP，目前使用最多的是BGP协议）。

路由选择算法可以分为静态路由选择算法和动态路由选择算法。静态路由选择算法就是非自适应路由选择算法，这是一种不测量、不利用网络状态信息，仅按照某种固定规律进行决策的简单的路由选择算法。静态路由选择算法的特点是简单且开销小，但是不能适应网络状态的变化。静态路由选择算法主要包括扩散法和固定路由表法。静态路由是依靠手工输入的信息来配置路由表的。动态路由选择算法就是自适应路由选择算法，它依靠当前网络的状态信息进行决策，从而使路由选择结果在一定程度上适应网络拓扑结构和通信量的变化。

四、任务实施

1.使用Visio绘制网络拓扑图

Visio是由微软推出的一款专业的绘图软件，它提供了大量的图形素材，让用户可以方便地绘制网络拓扑图、工程图、流程图、布局图等。

步骤1：启动Microsoft Office Visio 2013软件，在软件界面右侧找到"基础网络图模板"图标，如图2-6所示。

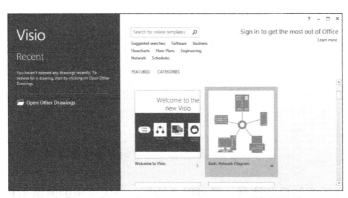

图2-6 Microsoft Office Visio 2013软件界面

步骤2：双击该模板图标进入绘图界面，左侧形状栏里会显示绘制网络拓扑图时常用的一些图形形状，如图2-7所示，拖曳鼠标添加PC。

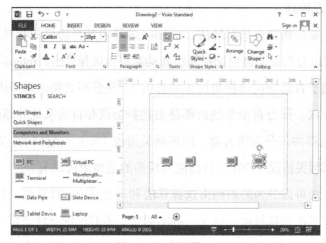

图2-7　绘图界面

步骤3：在画布中添加交换机、路由器、防火墙等设备图形，并用连接线连接，如图2-8所示。

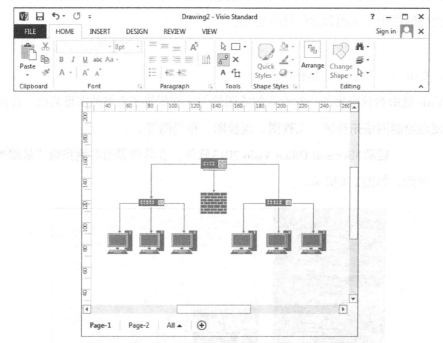

图2-8　添加网络设备图形并用连接线连接

步骤4：最后添加设备注释，经过以上操作，一张简单的网络拓扑图就绘制完成了，如图2-9所示。

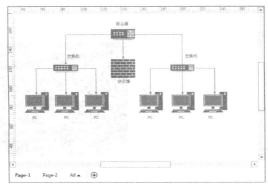

图2-9　添加设备注释

步骤5：网络拓扑图绘制完成后，可以通过"另存为"命令将图纸保存为图片格式，如图2-10所示。

图2-10　另存为图片格式

2.使用ping命令测试网络连通性

ping命令用于测试网络之间是否能够连通及网络之间的传输速度，使用ICMP回显请求报文和ICMP回显应答报文来测试主机之间的连通性，不同类型的ICMP报文由报文中的类型字段和代码字段共同决定。ICMP报文作为IP数据报的数据部分，加上IP数据报首部组成IP数据报发送出去。ping命令的几个常用参数如下：

• –n：定义发送数据包的个数，默认为4个。

• –l：设定数据包的大小，默认为32字节，最大为65500字节。

• –t：不断地ping目标主机（就相当于死循环），直到按Ctrl+C组合键手动停止。

• –a：显示目的地址的主机名。

例如：按Windows+R组合键打开"运行"窗口，然后输入"cmd"进入命令提示窗口，如图2-11所示。在命令提示窗口中输入"ping www.qq.com"，以测试当前机器能否连通腾讯网站，如图2-12所示。

图 2-11　输入"cmd"进入命令提示窗口　　图 2-12　输入命令测试 www.qq.com 连接情况

从测试窗口中可以发现，向腾讯网站发送了4个数据包，未发现丢包情况，连接成功。

3.查看网络IP地址

查看个人计算机当前网络IP地址的方法包括以下两种。

（1）按Windows+R组合键打开"运行"窗口，然后输入"cmd"进入命令提示窗口。进入命令提示窗口之后，输入"ipconfig/all"并按回车键即可看到个人计算机的网络IP地址，如图2-13所示。

图 2-13　输入命令查看网络 IP 地址

如果本机连接的网络设备有很多，则需要找到其中的以太网适配器本地连接，测试机IP地址为192.168.0.100，如图2-14所示。

图 2-14　找到以太网适配器本地连接查看 IP 地址

（2）单击图2-15所示窗口中的"打开网络和共享中心"按钮，进入图2-16所示的网络和共享中心（可以从"控制面板"进入，或单击Windows 7操作系统桌面右下角的 网络图标进入图2-15所示窗口）。

图2-15　单击"打开网络和共享中心"按钮

图2-16　网络和共享中心

单击网络和共享中心中的"本地连接"按钮，进入"本地连接 状态"窗口，如图2-17所示，单击"详细信息"按钮，打开"网络连接详细信息"窗口，如图2-18所示。

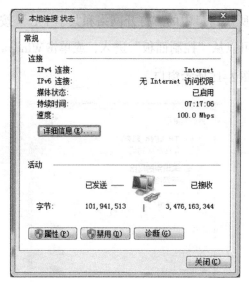

图 2-17　本地连接状态窗口

在图 2-18 所示窗口中，可以看到本地网络 IP 地址为 192.168.0.100。

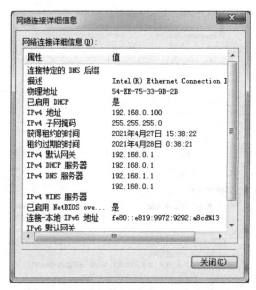

图 2-18　"网络连接详细信息"窗口

五、知识拓展

（1）常见的网络故障及排查可以按如下顺序进行：

• 网线是否连接正确；

• IP 地址和子网掩码是否设置正确（使用 ifconfig 命令实现）；

• 默认网关是否设置正确（使用 route 命令实现）；

• 域名服务器是否设置正确。

（2）网络安全。

网络安全就是网络上的信息安全。从广义上讲，凡是涉及网络信息的保密性、完整性、可用性、真实性及可控性的相关技术和理论都是网络安全的研究领域。从网络运行和管理者的角度来说，他们希望对本地网络信息的访问、读写等操作进行保护和控制，避免出现"陷门"、病毒、非法存取、拒绝服务及网络资源被非法占用和非法控制等情况，制止和防御网络黑客的攻击。黑客常用的攻击手段一般分为非破坏性攻击和破坏性攻击两大类：非破坏性攻击就是破坏系统的正常运行但不进入系统，这种攻击不会获取对方系统内的资料；破坏性攻击则以侵入他人系统为目的，进入系统后得到对方资料或修改对方资料。防火墙、病毒查杀、入侵检测等手段一般可以应对传统网络攻击。除了应用最新的网络防御技术，还需要对网络信息进行辨别，远离不良信息，不轻易暴露隐私信息。

任务 4　关系型数据库管理

一、任务描述

数据库存储的信息能否正确反映现实世界，在运行中能否及时、准确地为网上论坛应用程序提供所需数据，与系统的性能密切相关。本任务主要掌握数据库的基本概念及常见的使用方法。

二、问题引导

（1）什么是关系型数据库？

（2）常见的关系型数据库有哪些？

（3）如何使用命令行工具对数据库进行管理？

（4）如何使用图形化工具对数据库进行管理？

三、知识准备

1. 关系型数据库简介

数据库是按照数据结构来组合、存储和管理数据的软件。关系型数据库，是指采用关系模型来组织数据的数据库，它以行和列的形式存储数据，这一系列行和列被称为表，一组表又组成了数据库。关系型数据库是一个二维表的集合，可以用来存储不同类型的数据信息。数据库模型主要包括概念模型、逻辑数据模型和物理数据模型。

（1）关系型数据库管理系统的特点。

①数据以表格的形式出现。

②每行为各种记录名称。

③每列为记录名称所对应的数据域。

④许多的行和列组成一张表单。

⑤若干的表单组成数据库。

（2）关系型数据库的概念模型。

在关系型数据库的设计中，概念模型通常是通过E-R图（实体—关系图）来描述的。其中，E（Entity）表示"实体"，可以理解为现实世界中的事物，如学校的老师；R（Relationship）表示"关系"，可以理解为实体和实体之间的相互联系，如学生和老师之间的相互联系。E-R图还有一个概念是属性（Attribute），用于描述实体的特征，如老师的姓名、编号和工资。在E-R图中，关系用来表示实体和实体之间的相互联系。关系分三种：一对一（1:1），如校长和学校；一对多（1:n），如班级和学生；多对多（$n:m$），如老师和学生。

E-R图中有三种符号：矩形——表示实体；圆形——表示属性；菱形——表示关系。用E-R图表示上面三种关系，如图2-19所示。

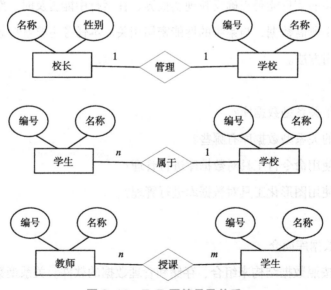

图2-19　E-R图符号及关系

（3）关系模式。

关系模式用来表示对关系的描述。共有三种关系模式：

①概念模式：描述数据库中的数据逻辑结构。可以理解为实体在数据库系统中的具体实现。例如：一个关系逻辑结构对应一个二维表。

②用户模式：是概念模式的一部分。例如：用户在数据库中看到的视图。

③储存模式：用来描述数据的物理结构和数据的存储方式。例如：关系型数据库中索引的组织方式、数据记录的存储方式等。

（4）关系型数据库常见概念。

①数据库：是一些关联表的集合。

②数据表：是数据的矩阵。数据库中的表看起来像一个简单的电子表格。

③列：一列（数据元素）包含了相同的数据，如邮政编码数据。

④行：一行（=元组或记录）是一组相关的数据，如一条用户订阅数据。

⑤冗余：存储两倍数据，冗余可以使系统速度更快。

⑥主键：主键是唯一的。一个数据表中只能包含一个主键。可以使用主键来查询数据。主键的作用是标识唯一的一行。

⑦外键：用于关联两个表，链接两张表的对应关系。

⑧复合键：复合键（组合键）将多个列作为一个索引键，一般用于复合索引。将多个列作为一个索引值键。

⑨索引：使用索引可快速访问数据表中的特定信息。索引是对数据表中一列或多列的值进行排序的一种结构，类似书籍的目录。索引查找使用B+数。

⑩完整性：参照完整性是对关系数据库中建立关联关系的数据表间数据参照引用的约束。实体完整性针对基本表，即关系的主属性不能是空值。用户定义完整性是针对某一应用环境的完整性约束条件。

2.常见的关系型数据库

常见的关系型数据库包括MySQL、Oracle 、SQL Server、DB2、PostgreSQL、SQLite 、Acess等。下面重点介绍MySQL和Oracle。

（1）MySQL。

MySQL是一种开放源代码的关系型数据库管理系统，由瑞典MySQL AB公司开发，目前属于Oracle公司。MySQL是一种关系型数据库管理系统，关系型数据库将数据保存在不同的表中，而不是将所有数据放在一个大仓库内，这样就提高了查询速度和灵活性。MySQL使用常用的数据库管理语言——结构化查询语言（SQL）进行数据库管理。MySQL有多个版本：

①MySQL Community Server 社区版，开源免费，但不提供官方技术支持。

②MySQL Enterprise Edition 企业版，需付费，可以试用30天。

③MySQL Cluster 集群版，开源免费，可将几个MySQL Server封装成一个Server；MySQL Cluster CGE 高级集群版，需付费。

④MySQL Workbench（GUI Tools）是一款专为MySQL设计的ER/数据库建模工具。

MySQL Community Server是我们通常使用的版本。登录MySQL的官方网址进行操作版本选择，如图2-20所示。

图 2-20　选择 MySQL Community Server 版本

它是由Oracle支持的开源软件。这意味着任何人都可以免费使用MySQL。另外，还可以根据需要更改其源代码或进行二次开发以满足个人需求。

（2）Oracle。

Oracle Database，又名Oracle RDBMS，或简称Oracle，是甲骨文公司推出的一款关系型数据库管理系统。它在数据库领域一直处于领先地位，是目前最流行的C/S或B/S体系结构的数据库之一，系统可移植性好、使用方便、功能强大，适用于各类大、中、小型微机环境。Oracle是一种高效率、可靠性高、适应高吞吐量的数据库方案。

Oracle从1979年发布Oracle 2.0到现在的Oracle 21c，从只是数据存储和查询到后来的分布式、RAC、网络计算，再到现在的对云计算的支持，经历了很多变迁和计算的提升。Oracle数据库分为标准版1、标准版、企业版、个人版：

①标准版1（Standard Edition one）适用于1~2个CPU的服务器或单机环境，适用于中小型用户入门级应用。

②标准版（Standard Edition）适用于1~4个CPU的服务器，可以做双机热备和RAC，适用于对数据库性能要求高及对安全性有进一步要求的大中型用户应用。

③企业版（Enterprise Edition）适用于单机、双机、多CPU多节点集群等各种环境，适用于对数据库性能及可靠性有高要求的企业级用户应用。

④个人版，只在Windows平台上提供，除了不支持RAC，包含企业版所有的功能。

四、任务实施

1.使用命令行工具选择与查看MySQL数据库

步骤1：下载并安装MySQL 8.0。单击操作系统左下角的"开始"菜单按钮，在搜索栏中输入"MySQL 8.0 Command Line Client"，打开MySQL命令行终端，如图2-21所示。

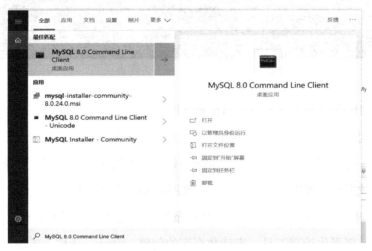

图 2-21　MySQL 命令行终端

步骤2：按提示输入密码，输入安装时设置的密码即可。进入后可以看到MySQL数据库的提示信息。命令提示符变成了mysql>，如图2-22所示。

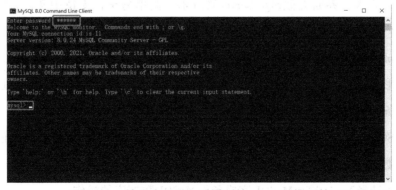

图 2-22　输入密码进入后看到的 mysql> 提示符

步骤3：使用show databases命令查看数据库列表；注意结束语句需添加";"，表明这是一条SQL语句，如图2-23所示。

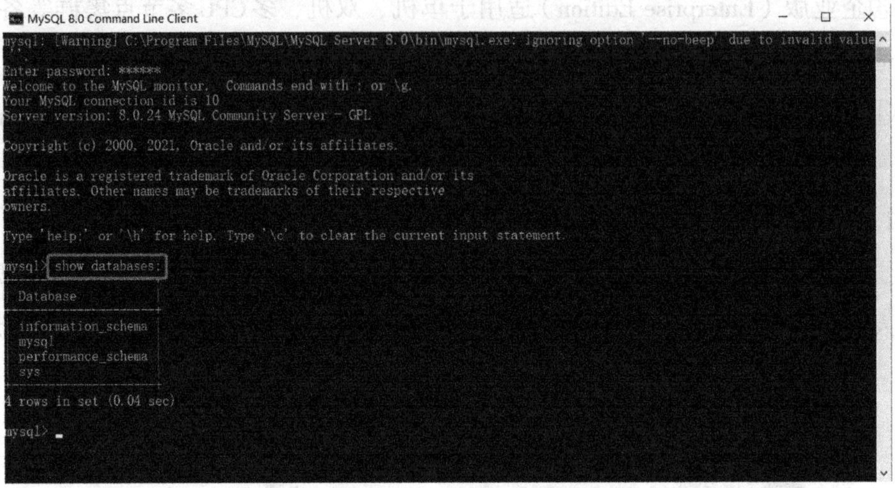

图2-23 查看数据库列表

2.使用图形化管理工具备份MySQL数据库

虽然使用MySQL的命令行终端可以完成日常的数据库开发和维护工作，但是对于初学者来说，命令行操作界面使用起来略有难度。所以初学者最好优先使用图形化管理工具完成数据库管理工作，以下是几款常用的MySQL图形化管理工具：

（1）MySQL Workbench：MySQL AB发布的可视化数据库设计软件，是MySQL官方发布的一款图形化管理工具，支持数据库的创建、设计、迁移、备份、导出、导入等功能，支持Windows、Linux、Mac等主流的操作系统，为数据库管理员、程序开发者和系统规划师提供可视化设计、模型建立及数据库管理功能。

（2）Navicat：是目前开发者用得较多的一款MySQL图形化管理工具，界面简洁，功能也非常强大，界面类似SQL Server管理器，简单易学，支持中文，有免费版本。Navicat被广泛应用于中小企业的数据库管理和开发中，尤其是编程开发类的公司。

（3）phpMyAdmin：这款工具是用PHP编程语言开发的基于Web方式的网页版MySQL图形化管理工具，支持中文，界面友好、简洁，方便管理；不足之处在于对大数据库的备份和恢复操作不方便。

（4）SQLyog：是业界著名的Webyog公司出品的一款简洁高效、功能强大的图形化MySQL数据库管理工具。

本任务选择Navicat for MySQL完成备份MySQL数据库的操作。

步骤1：下载并安装 Navicat for MySQL。打开 Navicat for MySQL，单击窗口左上角的"连接"按钮，选择下拉菜单中的第一个选项"MySQL"，如图2-24所示。

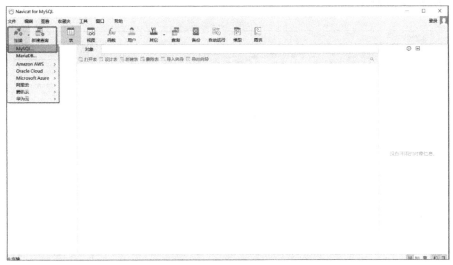

图 2-24　Navicat for MySQL 窗口

步骤2：如图2-25所示，在弹出的"MySQL-新建连接"对话框中填入连接名、用户名及密码，单击"确定"按钮。

图 2-25　"MySQL-新建连接"对话框

步骤3：在图2-26所示窗口中，双击左上角的"数据库连接"灰色图标，建立数据库连接。成功建立连接后，图标会变成绿色（因本书是单色印刷，无法展示效果），如图2-27所示。

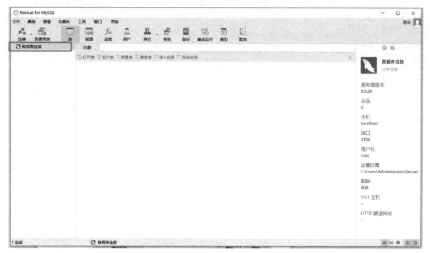

图 2-26　建立数据库连接

图 2-27　连接成功

步骤4：在图2-28所示窗口中，选择需要备份的已连接的数据库，右键单击级联菜单中的"备份"选项，单击右侧窗口中的"新建备份"图标，打开"新建备份"对话框。

图 2-28 备份数据库

步骤5：在图2-29所示的"新建备份"对话框中，选择"对象选择"选项卡，勾选需要备份的数据，单击右下角的"备份"按钮开始备份。

图 2-29 在"新建备份"对话框中选择需要备份的数据

步骤6：在"100%–新建备份"对话框的"信息日志"选项卡下记录着备份成功信息，如图2-30所示。

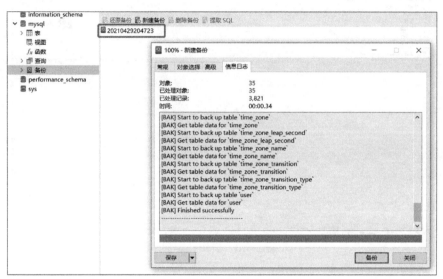

图2-30　在"100%–新建备份"对话框的"信息日志"选项卡下记录的备份成功信息

3. 创建与维护MySQL数据表

步骤1：右键单击上一个任务中创建的"数据库连接"，在弹出的快捷菜单中选择"新建数据库"命令，如图2-31所示。

图2-31　选择"新建数据库"命令

步骤2：在弹出的"新建数据库"对话框中填写数据库名"test1"，单击"确定"按钮（此处可仅填写数据库名称，字符集和排序规则会默认产生），如图2-32所示。

图 2-32　填写数据库名

步骤3：**数据库创建成功后，可以在"数据库连接"下看到新创建的数据库 test1，如图2-33所示。**

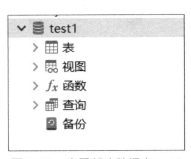

图 2-33　查看新建数据库 test1

步骤4：**数据库创建成功后，可以在该数据库下创建表。单击数据库test1下的"表"图标，在右侧"对象"页中单击"新建表"图标，如图2-34所示。**

图 2-34　在数据库 test1 中新建表

步骤5：在图2-35所示的新建表页面中插入字段，加入其他字段信息。该表的表头显示字段信息，在此处添加"id""name""age"列。

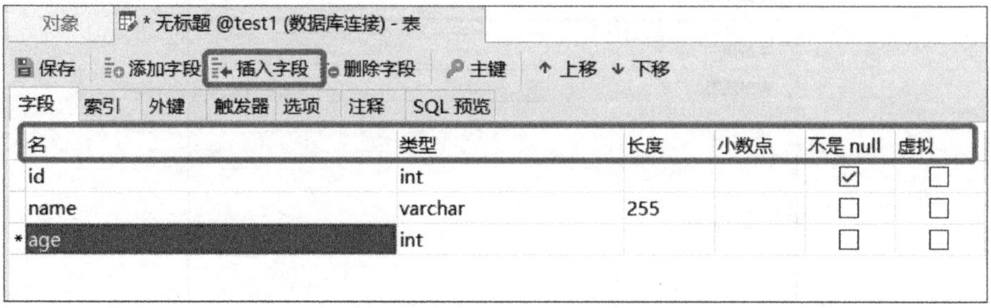

图 2-35　插入字段

步骤6：单击页面左上角的"保存"按钮，将弹出设置表名的提示框，在此可以输入表名"名单"，如图2-36所示。

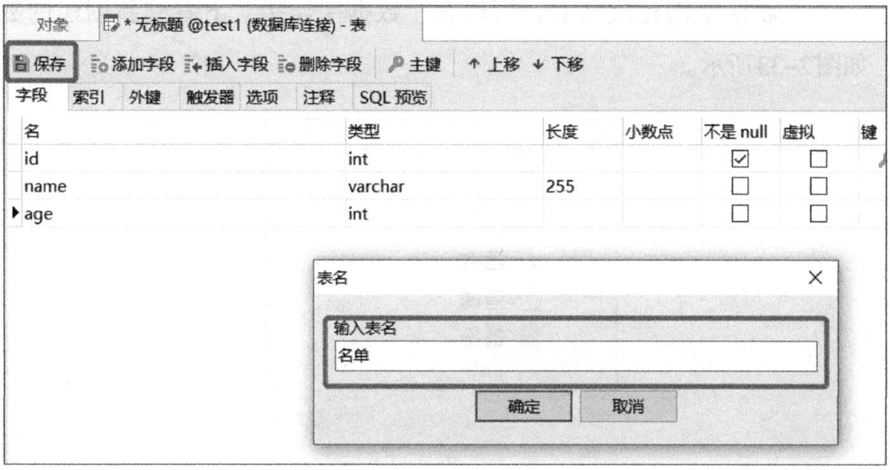

图 2-36　保存表

步骤7：保存成功后，即可在test1数据库下看到新创建的表"名单"，如图2-37所示。

图 2-37　查看新创建的表

4.对数据表中的数据进行增删改查

（1）添加数据。

步骤1：在新建表"名单"上单击鼠标右键，在弹出的快捷菜单中选择"打开表"命令，如图2-38所示。

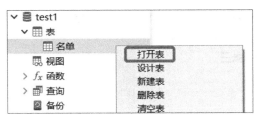

图2-38 选择"打开表"命令

步骤2：在图2-39所示的"名单"表中，单击左下角的"+"按钮。

图2-39 在表左下角单击"+"按钮添加新信息

步骤3：单击"+"按钮后，直接在对应的字段下输入数据，如"id=123，name=张三，age=19"，然后单击左下角的"√"按钮添加数据，如图2-40所示。

图2-40 单击"√"按钮添加数据

（2）修改数据。

步骤：用鼠标点选要修改的数据，如id中的"123"，输入新数据"456"，然后单击左下角的"√"按钮确认修改，如图2-41所示。

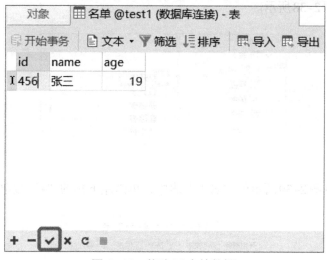

图2-41　修改id中的数据

（3）删除数据。

步骤：右键单击数据库test1下的表"名单"，进入表页面，页面显示当前表的所有数据，选择要删除的数据，然后单击左下角的"–"按钮，即可删除成功，如图2-42所示。

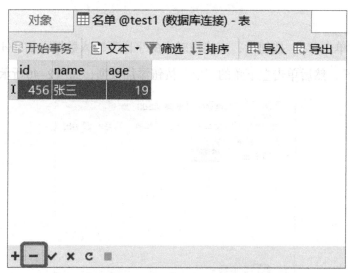

图2-42　选择数据后单击"–"按钮确认删除

（4）查询数据。

步骤1：先单击"test1"数据库下面的"查询"图标，再单击右侧的"新建查询"按钮，如图2-43所示。

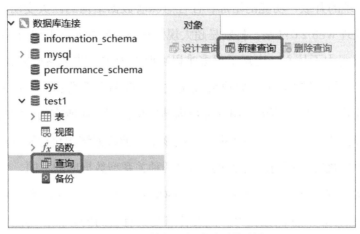

图2-43 单击"新建查询"按钮

步骤2：在打开的查询编辑器窗口中，输入SQL查询语句"select * from '名单'"。单击"运行"按钮，即可显示查询结果，如图2-44所示。

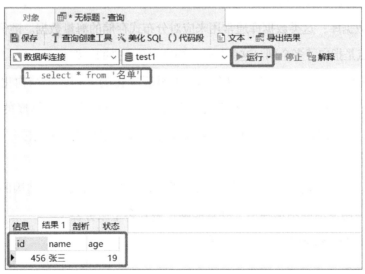

图2-44 查询"名单"表中的所有信息

五、知识拓展

关系型数据库的最大特点就是事务的一致性，这个特性使得关系型数据库可以用于几乎所有对一致性有要求的系统中，如银行系统。关系型数据库的另一个特点是其具有固定的表结构，可扩展性较差。

关系型数据库为了维护一致性所付出的代价就是其读写性能比较差，而像微博、Facebook这类SNS应用，对并发读写能力要求极高，一致性却不是那么重要。同时，SNS应用中系统的升级、功能的增加，往往意味着数据结构的巨大变动。传统的关系型数据库在处理Web 2.0网站，特别是超大规模和高并发的SNS类型的Web 2.0纯动态网站时已经显得力不从心，出现了很多难以克服的困难。非关系型数据库（Not Only SQL，NoSQL）的产生就是为了解决大规模数据集合和多重数据种类带来的挑战，以及大数据应用难题。由于不可能用一种数据结构化存储应对所有的新需求，因此，非关系型数据库严格来说不是一种数据库，应该是一种数据结构化存储方法的集合。两种NoSQL数据库之间的不同，甚至远远超过两种关系型数据库的不同。

依据结构化方法及应用场合的不同，NoSQL数据库主要分为以下几类：

键值（key/value）存储数据库：主要特点是具有极高的并发读写能力。这一类数据库主要会使用到一个哈希表，该表中有一个特定的键和一个指针指向特定的数据。键值存储数据库模型对于IT系统来说，优势在于简单、易部署。但是如果DBA只对部分值进行查询或更新，键值存储数据库就显得效率低了，如Tokyo Cabinet/Tyrant、Redis、Voldemort、Oracle BDB。

列存储数据库：这类数据库通常用来应对分布式存储的海量数据。键仍然存在，但是它们的特点是指向了多个列。这些列是由列家族来安排的，如Cassandra、HBase、Riak。

面向文档数据库：该类型的数据库模型是版本化的文档，半结构化的文档以特定的格式存储，比如JSON。文档型数据库可以看作键值存储数据库的升级版，允许嵌套键值。这类数据库的特点是，可以在海量数据中快速查询数据。典型代表为MongoDB和CouchDB。

图形（Graph）数据库：图形结构的数据库同其他行列及刚性结构的SQL数据库不同，它是使用灵活的图形模型，并且能够扩展到多个服务器上。

下面介绍3种比较重要的非关系型数据库。

（1）HBase。

HBase（Hadoop Database）是一个高可靠性、高性能、面向列、可伸缩的分布式存储系统，利用HBase技术可以在廉价的PC Server上搭建起大规模结构化存储集群。HBase是Google BigTable的开源实现，模仿并提供了基于Google文件系统的BigTable数据库的所有功能。HBase可以直接使用本地文件系统或者Hadoop作为数据存储方式，不过为了提高数据可靠性和系统健壮性、发挥HBase处理大量数据等功能，需要使用Hadoop作为文件系统。HBase仅能通过主键（row key）和主键的range来检索数据，仅支持单行事务，主要用来存储非结构化和半结构化的松散数据。HBase中的表有大、稀疏、面向列等特点。

（2）Redis。

Redis只能通过key对value进行操作，支持的数据类型有string、list、set、zset（有序集合）和hash。Redis支持主从同步，数据可以从主服务器向任意数量的从服务器上同步。Redis事务允许一组命令在单一步骤中执行。事务有两个属性：在一个事务中的所有命令作为单个独立的操作顺序执行；Redis事务是原子的，原子意味着要么所有的命令都执行，要么所有的命令都不执行。Redis事务是由multi和exec包围起来的部分，当发出multi命令时，Redis会进入事务，Redis会进入阻塞状态，不再响应任何其他客户端的请求，直到发出multi命令的客户端再发出exec命令为止。Redis非常适合在数据都存在内存中的场景中使用。

（3）MongoDB。

MongoDB将数据存储为一个文档，数据结构由键值（key value）对组成，是一个基于分布式文件存储的开源数据库系统，为Web应用提供可扩展的高性能数据存储解决方案。其主要面向集合存储，易存储对象类型的数据；模式自由；支持动态查询；支持完全索引，包含内部对象；支持查询；支持复制和故障恢复；使用高效的二进制数据存储，包括大型对象（如视频）；自动处理碎片，以支持云计算层次的可扩展性；支持Ruby、Python、Java、C++、PHP、C#等多种语言；文件存储格式为BSON（JSON的一种扩展）；可通过网络访问。适用场景包括网站数据，缓存、大尺寸、低价值的数据；高伸缩性的场景；用于对象及JSON数据的存储。

任务5 虚拟化管理

一、任务描述

虚拟化是一种资源管理技术，是将计算机的各种实体资源（CPU、内存、磁盘空间、网络适配器等），予以抽象、转换后呈现出来，并可供分区或组合为一个或多个计算机配置环境。为了实现企业应用上云，在云中运行代码需要选择在云节点中安装服务，需要了解虚拟化相关概念和技术。

二、问题引导

（1）什么是Linux操作系统？

（2）常用的虚拟化软件和技术有哪些？

（3）如何在Linux环境中安装和管理虚拟机？

三、知识准备

1. Linux操作系统概述

Windows、MacOS、Linux是当今三大主流操作系统。Linux操作系统的诞生依赖5个重要支柱：UNIX操作系统、MINIX操作系统、GNU计划、POSIX标准和Internet网络。与前两个操作系统相比，Linux具有开放源码、技术社区用户多等特点，是一个基于POSIX、UNIX的多用户、多任务、支持多线程和多CPU的，可以免费使用和自由传播的操作系统。Linux的版本分为内核版本和发行版本。

（1）内核版本。

1994年3月，Linux 1.0发布，当时是按照完全自由免费的协议发布的，随后正式采用自由软件基金会提出的通用公共许可证（General Public License，GPL）。Linux内核在内存和CPU使用方面具有较高效率，并且非常稳定。其主要模块分为存储管理、CPU和进程管理、文件系统、设备管理和驱动、网络通信，以及系统的初始化、调用等。狭义的Linux是指Linux的内核，它完成内存调度、进程管理、设备驱动等操作系统的基本功能，但不包括应用程序。广义的Linux是指以Linux内核为基础、包含应用程序和相关系统设置与管理工具的完整操作系统。Linux内核版本号由3组数字组成，一般表示为X.Y.Z的形式，具体含义如下。

①X：表示主版本号，通常在一段时间内比较稳定。

②Y：表示次版本号，偶数代表该内核版本是正式版本，可以公开发行；奇数则代表该内核版本是测试版本，还不太稳定，仅供测试。

③Z：表示修改号，这个数字越大，表明修改的次数越多，版本相对更完善。Linux的正式版本与测试版本相互关联，正式版本只针对上一个版本的特定缺陷进行修改，而测试版本则在正式版本的基础上继续增加新功能，当测试版本被证明稳定后就成为正式版本。正式版本和测试版本不断循环，不断完善Linux内核的功能。

（2）发行版本。

所有的发行版本都使用Linux内核；都需要遵循GNU的GPL协议；都有自己的版

本号，版本格式约定基本一样；基本都发布针对企业和社区的两个版本，企业版以稳定为主，提供专业支持，收费使用；社区版无版权问题，一般社区版都是为企业版服务的。一个典型的Linux发行版本包括Linux内核、GNU程序库和工具、命令行shell、图形界面的X Windows系统和相应的桌面环境，以及从办公套件、编译器、文本编辑器到科学工具的数千种应用软件。

（3）Linux操作系统的特点。

①免费的自由软件。Linux系统是采用公共许可协议GPL的自由软件。开放源代码并免责提供，开发者可以根据自身需要自由修改、复制和发布程序源代码。

②良好的界面。Linux同时具有字符界面和图形界面。

③支持多平台。几乎能在所有主流CPU搭建的体系结构上运行，包括Intel/AMD、HP-PA、MIPS、UltraSparc和Alpha等，其伸缩性超过所有其他类型的操作系统。

④完全符合POSIX标准。可移植操作系统接口（Portable Operating System Interface of UNIX，POSIX）在源代码级别上定义了一组最小的Linux操作系统接口。遵循这一标准，Linux系统和其他类型的Linux系统之间可以方便地相互移植平台上的应用软件。

⑤丰富的应用程序和开发工具。Linux同时得到IBM、Intel、Oracle及Sybase等知名公司的支持，这些公司的知名软件也都移植到了Linux系统中。

2.Linux常用命令和操作

1）使用shell

shell是连接了用户和Linux内核的一个应用程序，为使用者提供操作界面（命令解析器）。shell可以接收用户命令，调用相应的程序。shell分为图形界面shell（Graphical User Interface shell，GUI shell）和命令行式shell（Command Line Interface shell，CLI shell）。shell可执行的用户命令可分为两大类：内置命令和实用程序，如表2-1所示。

表 2-1　shell 可执行的用户命令

命令类型		功　　能
内置命令		为提高执行效率，部分常用命令的解释器构筑于 shell 内部
实用程序	Linux 程序	存放在 /bin、/sbin 目录下的 Linux 自带的命令
	应用程序	存放在 /usr/bin、/usr/sbin 等目录下的应用程序
	shell 脚本	用 shell 语言编写的脚本程序
	用户程序	用户编写的其他可执行程序

使用shell需要打开终端窗口。成功登录Linux后会出现shell命令提示符，代码如下：

[chenbw@localhost Desktop] $	//普通用户chenbw身份提示符 $
[chenbw@localhost Desktop] $su root	//切换到root账号
[root@localhost ~] #	//超级用户身份提示符 #

其具体含义如下：

[ ]内@之前为已登录用户的用户名（如root、chenbw）；[ ]内@之后为计算机的主机名，如果没有设置主机名，则默认为localhost；其后为当前目录名，如Desktop、~。~表示用户的主目录，超级用户root的主目录为/root，普通用户的主目录为/home中与用户名同名的目录，如chenbw的默认主目录为/home/chenbw。

[ ]外为shell命令的提示符号，"#"是超级用户身份提示符，"$"是普通用户身份提示符。

shell命令由命令名、选项和参数3部分组成，其基本格式如下：

命令名 [选项] [参数]↓

• 命令名：是描述该命令功能的英文单词或缩写。在shell命令中，命令名必不可少，且总是放在整个命令行的起始位置。

• 选项：是执行该命令的限定参数或功能参数。同一命令采用不同的选项，其功能亦不相同。选项可以有一个，也可以有多个，甚至可以没有。选项通常以 "-" 开头，当有多个选项时，可以只使用一个 "-" 符号，如 "ls -l -a" 命令与 "ls -la" 命令功能完全相同；部分选项以 "--" 开头，这些选项通常是一个单词；少数命令的选项不需要使用 "-" 符号。

• 参数：是执行该命令所需的对象，如文件、目录等。不同的命令，参数可以有一个、多个或没有。

• 回车符 "↓"：任何命令行都必须以Enter键（用 "↓" 表示）结束。

需要特别指出的是，在命令基本格式中，方括号部分为可选内容；命令名、选项与参数之间、参数与参数之间都必须用一个或多个空格分隔。

系统中常用的快捷键如表2-2所示。

表 2-2　系统中常用的快捷键

快捷键	作用
`<Ctrl>+<C>`	取消命令执行
`<Ctrl>+<D>`	关闭当前 shell
`<Ctrl>+<Shift>+<N>`	打开一个新 shell
`<Ctrl>+<Shift>+<T>`	打开一个新页面
`<Ctrl>+< Shift>+<C>`	复制
`<Ctrl>+< Shift>+<V>`	粘贴

2）shell命令的相关帮助方法

①在字符界面或图形界面终端中按Tab键2次可以显示所有shell命令。用户只需输入命令名开头的一个或几个字母，然后按1次Tab键，系统就会自动补全能够识别的部分（若不能识别则命令名不发生变化）；再按1次Tab键，系统显示符合条件的所有命令供用户选择。

②用help、man builtin或man bash命令可以列出所有的内部命令。

③用ls/bin命令可以列出Linux系统最基础、所有用户都能使用的外部命令。

④用ls/sbin命令可以列出只有超级用户root才能使用的、管理Linux系统的外部命令。

⑤用ls/usr/bin及ls/usr/local/bin命令可以列出所有用户都能使用的可执行程序目录。

⑥用ls/usr/sbin、ls/usr/local/sbin或ls/usr/X11R6/bin命令可以列出只有超级用户root才能使用的、涉及系统管理的可执行程序目录。

3）shell命令通配符

shell命令中使用通配符可以同时引用多个文件以方便操作。Linux中shell命令的通配符有以下3种。

①通配符"＊"：代表任意长度的任何字符。

②通配符"?"：代表任意一个字符。

③字符组通配符"[ ]""–""!"："[ ]"表示指定的字符范围，"[ ]"内的所有字符都用于匹配。"[ ]"内的字符范围可以由直接给出的字符组成，也可以由起始字符、"–"和终止字符组成，如果使用"!"则表示不在这个范围之内的其他字符。

通配符应用示例如下：

```
[root@RHEL 8 ~]#ls /root/u          //显示/root目录中以u开头的所有文件和目录
[root@RHEL 8 ~]#ls b?               //显示当前目录中首字母为b，文件名只有两
个字符的所有文件和目录
[root@RHEL 8 ~]#ls /bin/[!csh]      //显示/bin目录中首字母不是c或s或h的所有
文件和目录
[root@RHEL 8 ~]#ls /bin/[a-h]       //显示/bin目录中首字母是a~h的所有文件和目录
```

4）查看目录命令

（1）pwd命令。

pwd命令以绝对路径的方式显示用户当前工作目录。所有路径均从"/"根目录开始。

示例如下：

```
[root@RHEL 8 ~]# pwd    //显示当前用户所在的目录
/root
```

（2）cd命令。

cd命令用于切换工作目录至dirname。其中dirname可为绝对路径或相对路径。若省略目录名称，则变换至使用者的主目录。另外，"~"也表示使用者的主目录，"."则表示目前所在的目录，".."表示目前目录位置的上一层目录。

语法格式：cd dirname

示例如下：

```
[root@RHEL 8 ~]# cd /etc    //切换当前目录到/etc
[root@RHEL 8 /etc]# cd ..   //切换到上一级目录
[root@RHEL 8 /]#
```

（3）ls命令。

ls命令用于显示目标列表，输出信息可以进行彩色加亮显示，以区分不同类型的文件。

语法格式：ls [选项] 文件

主要选项说明如下：

- –l：显示详细信息。

- –a：显示隐藏文件。

- –d：查看目录（不查看文件内容）。

- –h：增强可读性。

示例如下：

```
[root@RHEL 8 ~]#ls      //显示/root目录中的所有文件和目录
公共 视频 文档 音乐 anaconda-ks.cfg
模板 图片 下载 桌面 initial-setup-ks.cfg
```

（4）whereis命令。

whereis命令用于定位指令的二进制程序、源代码文件和man手册页等相关文件。

示例如下：

```
[root@RHEL 8 ~]# whereis ls
ls: /usr/bin/ls /usr/share/man/man1/ls.1.gz /usr/share/man/man1p/ls.1p.gz
```

（5）find命令。

find命令用于在指定目录下查找文件。任何位于参数之前的字符串都将被视为欲查找的目录名。如果使用该命令时不设置任何参数，则find命令将在当前目录下查找子目录与文件。

语法格式：find 目录 [选项]

主要选项说明如下。

- –name <范本样式>：指定字符串作为寻找文件或目录的范本样式。
- –path <范本样式>：指定字符串作为寻找目录的范本样式。
- –type <文件类型>：只寻找符合指定文件类型的文件。

示例如下：

```
[root@RHEL 8 ~]# find
.
./.bash_logout
./.bash_profile
./.bashrc
./.cshrc
./.tcshrc
.....（省略）
```

5）查看文件命令

（1）cat命令。

cat命令主要有三大功能：一次显示整个文件、从键盘创建一个文件、将几个文件合并为一个文件。

语法格式：cat filename; cat > filename; $cat file1 file2 > file

主要选项说明如下。

• –n或––number：从1开始为所有输出的行编号。

• –b或––number–nonblank：和–n相似，只不过对于空白行不编号。

• –s或––squeeze–blank：当遇到连续两行以上的空白行时，就替换为一行的空白行。

示例如下：

```
[root@RHEL 8 ~]# cat -n textfile1 > textfile2 //把textfile1的内容加行号后输入textfile2
```

（2）more命令。

more命令用于分屏显示文本文件的内容。按Enter键显示下一行内容；按空格键显示下一屏的内容；按Q键退出more命令。

语法格式：more [选项] 文件

主要选项说明如下。

• –<数字>：指定每屏显示的行数。

• –d：显示 "[press space to continue,'q' to quit.]" 和 "[Press 'h' for instructions]"。

• –c：不进行滚屏操作。每次刷新这个屏幕。

• –s：将多个空行压缩成一行显示。

• –u：禁止下画线。

• +<n>：从指定n行开始显示。

示例如下：

```
[root@RHEL 8 ~]#more anaconda-ks.cfg    //分屏显示文件anaconda-ks.cfg的内容
```

（3）less命令。

less命令的作用与more命令十分相似，都可以用于浏览文件的内容，不同的是less命令允许用户向前或向后浏览文件，而more命令只能向前浏览文件。用less命令显示文件内容时，用PgUp键向上翻页，用PgDn键向下翻页。要退出less程序，应按Q键。

语法格式：less [选项] 文件

主要选项说明如下。

• –e：文件内容显示完毕后，自动退出。

- –f：强制显示文件。

- –g：不高亮显示搜索到的所有关键词，仅高亮显示当前关键字，以提高显示速度。

- –l：搜索时忽略l大小写的差异。

- –N：每一行行首显示行号。

- –s：将连续多个空行压缩成一行显示。

- –S：在单行显示较长的内容，而不换行显示。

- –x＜数字＞：将TAB字符显示为指定个数的空格字符。

示例如下：

```
[root@RHEL 8 ~]#less anaconda-ks.cfg  //分屏显示文件anaconda-ks.cfg的内容
```

（4）head命令。

head命令用于显示文本文件的开头部分，默认显示文件的前10行内容。

语法格式：head [选项] 文件

主要选项说明如下。

- –n＜数字＞：指定显示的行数。

- –c＜字符数＞：指定显示头部内容的字符数。

示例如下：

```
[root@RHEL 8 ~]#head -n 5 /root/task    //显示文件task的前5行内容
```

（5）tail命令。

tail命令用于显示文本文件的结尾部分，默认显示文件的最后10行内容。

语法格式：tail [选项] 文件

主要选项说明如下。

- –n＜数字＞：指定显示的行数。

示例如下：

```
[root@RHEL 8 ~]#tail -n 5 /root/task    //显示文件task的最后5行内容
[root@RHEL 8 ~]#tail -1 /root/task      //显示文件task的最后1行内容
```

（6）grep命令。

grep命令可以使用正则表达式搜索文本，并把匹配的行打印出来。

语法格式：grep[–acivn] [–A] [–B] [––color=auto] '搜寻字符串‖正则表达式' filename

主要选项说明如下。

- –a binary：以 text 方式搜寻文件内容。

- –c：统计次数。

- –i：忽略 i 的大小写。

- –v：翻转显示。

- –n：输出行号。

- –A after：显示匹配行的后几行内容。

- –B before：显示匹配行的前几行内容。

示例如下：

[root@RHEL 8 ~]#grep -2 root /etc/passwd　　//在 passwd 文件中查找含字符串 root 的行，显示该行及前后两行内容

6）建立和删除目录命令

（1）mkdir 命令。

mkdir 命令用于创建目录。如果要创建多个目录，则目录之间用空格隔开。

语法格式：mkdir [选项] 文件

主要选项说明如下。

- –Z：设置安全上下文，当使用 SELinux 时有效。

- –m <目标属性> 或 --mode <目标属性>：建立目录的同时设置相应目录权限。

- –p 或 --parents：若所建目录的上层目录目前尚未建立，则会一并建立上层目录。

示例如下：

[root@RHEL 8 ~]#mkdir -m 700 –p /root/work/test　　//当前目录下创建 work 目录的子目录 test，并设置目录权限为 700，如果 work 目录不存在，则同时创建

（2）rmdir 命令。

rmdir 命令用于删除空目录。

语法格式：rmdir [选项] 文件

主要选项说明如下。

- –p 或 --parents：删除指定目录后，若该目录的上层目录已变成空目录，则将其一并删除。

- –v 或 --verboes：显示命令的详细执行过程。

示例如下：

[root@RHEL 8 ~]#rmdir -p /root/work/test　//删除test目录，如果work目录下无其他文件，则一并删除

7）建立和删除文件命令

（1）touch命令。

touch命令有两个功能：一是把已存在文件的时间标签更新为系统当前时间（默认方式），其数据将原封不动地保留下来；二是创建新的空文件。

语法格式：touch [选项] 文件

主要选项说明如下。

- –a或－－time=atime 或－－time=access 或－－time=use：只更改存取时间。

- –c或－－no-create：不建立任何文件。

- –d <时间日期>：使用指定的时间日期，而非现在的时间。

- –f：此参数将忽略不予处理，仅负责解决BSD版本touch指令的兼容性问题。

- –m或－－time=mtime 或－－time=modify：只更改时间。

- –r <参考文件或目录>：把指定文件或目录的时间日期设成和参考文件或目录相同的时间日期。

- –t <时间日期>：使用指定的时间日期，而非现在的时间。

- －－help：在线帮助。

- －－version：显示版本信息。

示例如下：

[root@RHEL 8 ~]#touch file1.tex //创建file1.tex，如果文件已存在，则修改为当前时间

（2）mv命令。

mv命令用于为文件或目录重命名，或将文件或目录移至其他位置。

语法格式：mv [选项] 文件（目录）文件（目录）

主要选项说明如下。

- –i：若指定目录已有同名文件，则先询问是否覆盖既有文件。

- –f：在mv操作要覆盖某已有的目标文件时不给出任何指示。

示例如下：

[root@RHEL 8 ~]#mv file1.tex /var　//移动file1.tex到/var目录下，名称不变

[root@RHEL 8 ~]#mv file1.tex /var/file2　//移动file1.tex到/var目录下，将名称变更为file2

（3）cp命令。

cp命令用于将一个或多个源文件或目录复制到指定的目标文件或目录下。它可以将单个源文件复制成一个指定文件名的具体的文件或一个已存在的目录下。cp命令还支持同时复制多个文件，当一次复制多个文件时，目标文件参数必须是一个已经存在的目录，否则将出现错误。

语法格式：cp [选项] 文件

主要选项说明如下：

• –a：此参数的效果和同时指定"–dpR"参数的效果相同。

• –f：强行复制文件或目录，不论目标文件或目录是否已存在。

• –i：覆盖既有文件之前先询问用户。

• –p：保留源文件或目录的属性。

• –R或–r：递归处理，将指定目录下的所有文件与子目录一并处理。

示例如下：

```
[root@RHEL 8 ~]#cp ../mary/homework/assign //将指定文件复制到当前目录下
```

所有目标文件指定的目录必须是已经存在的，cp命令不能创建目录。如果没有文件复制权限，则系统会显示出错信息。示例如下：

```
[root@RHEL 8 ~]#cp file /usr/men/tmp/file1    //将文件file复制到目录/usr/men/tmp
下，并改名为file1
```

将目录/usr/men下的所有文件及其子目录复制到目录/usr/zh下，代码如下：

```
[root@RHEL 8 ~]#cp -r /usr/men /usr/zh
```

交互式地将目录/usr/men下以m开头的所有.c文件复制到目录/usr/zh下，代码如下：

```
[root@RHEL 8 ~]#cp -i /usr/men m .c /usr/zh
```

上面操作中的i参数在使用cp命令复制覆盖同名文件时询问用户。如果需覆盖大量文件，可按Y键取消提示，可以参考如下代码：

```
[root@RHEL 8 ~]#cp f1/  /f2
```

如果需复制目录/root/f1下的所有文件或目录到/f2目录下，而/f2目录下有和f1目录下文件或目录同名的文件或目录，则需要按Y键确认是否覆盖，并且略过f1目录下的子目录，代码如下：

```
[root@RHEL 8 ~]#cp -r f1/ /f2
```

如上操作使用r参数复制时，虽然仍需按Y键来确认操作，但是没有忽略子目录，代码如下：

```
[root@RHEL 8 ~]#cp -r -a f1/ /f2
```

如果增加a参数，仍需按Y键来确认操作，但是可以将f1目录及子目录和文件属性也传递到/f2目录下，代码如下：

```
[root@RHEL 8 ~]#\cp -r -a f1/ /f2
```

在cp命令前加"\"后没有提示按Y键，既传递了目录属性，又不会略过目录。

（4）rm命令。

使用rm命令可以删除目录中的一个或多个文件或目录，也可以将某个目录及其下属的所有文件及其子目录全部删除。对于链接文件，只是删除整个链接文件，而原有文件保持不变。使用rm命令时要格外小心，因为一旦删除文件或目录，就无法再恢复。

语法格式：rm [选项] 文件

主要选项说明如下。

• –f：强制删除文件或目录。

• –i：删除已有文件或目录之前先询问用户。

• –r或–R：递归处理，将指定目录下的所有文件与子目录一并处理。

• ––preserve–root：不对根目录进行递归操作。

• –v：显示指令的详细执行过程。

示例如下：

```
[root@RHEL 8 ~]#rm -i test example   //删除test example，并提示用户确认
```

8）系统管理命令

（1）shutdown命令。

shutdown命令用于关机、重启计算机、定时关机。

语法格式：shutdown [选项]

主要选项说明如下。

• –r：重新启动计算机。

• –h：关机。

• –h +<时间>：定时关机。

• –c：取消定时关机或按"Ctrl+C"组合键取消定时关机。

示例如下：

```
[root@RHEL 8 ~]#shutdown –h +2   //2分钟后关闭系统
```

（2）reboot命令。

reboot命令用于重新启动正在运行的Linux操作系统。

语法格式：reboot [选项]

主要选项说明如下。

• –d：重启Linux操作系统时不把数据写入记录文件/var/tmp/wtmp。本参数具有 "–n"参数的效果。

• –f：强制重启Linux操作系统，不调用shutdown指令的功能。

• –i：在重启Linux操作系统之前，先关闭所有网络界面。

• –n：在重启Linux操作系统之前，不检查是否有未结束的程序。

• –w：仅做测试，并不重启系统，只会把系统重启数据写入/var/log的wtmp记录 文件中。

示例如下：

```
[root@RHEL 8 ~]#reboot          //相当于shutdown –r now
```

（3）free命令。

free命令可以显示当前系统未使用的和已使用的内存数目，还可以显示被内核使用 用的内存缓冲区。

语法格式：free [选项]

主要选项说明如下。

• –k：以KB为单位显示内存使用情况。

• –m：以MB为单位显示内存使用情况。

• –o：不显示缓冲区调节列。

• –s <间隔秒数>：持续观察内存使用状况。

• –t：显示全部内存。

• –V：显示版本信息。

示例如下：

```
[root@RHEL 8 ~]#free -m
```

3.虚拟化基本概念

（1）虚拟化定义。

在计算机科学领域中，虚拟化代表着对计算资源的抽象，它将计算机的各种实体资源，如服务器、网络、内存及存储等，进行抽象、转换后呈现出来，这些资源新虚拟的部分不受现有资源架设方式、地域或物理组态的限制。它是降低所有规模企业的IT开销，同时提高其效率和敏捷性的最有效方式。

（2）虚拟化技术分类。

平台虚拟化（Platform Virtualization），是针对计算机和操作系统的虚拟化，即产生虚拟机（Virtual Machine，VM）。通常所说的虚拟化技术主要指平台虚拟化技术，通过使用控制程序（Virtual Machine Monitor 或 Hypervisor）来创建虚拟机。

资源虚拟化（Resource Virtualization），是针对特定系统资源的虚拟化，如内存虚拟化、存储虚拟化、网络资源虚拟化等。

应用程序虚拟化（Application Virtualization），包括仿真、模拟、解释技术（Java虚拟机JVM）等。

（3）虚拟基础架构。

虚拟基础架构，就是在整个基础架构范围内共享多台计算机的物理资源，利用虚拟机共享物理机资源以实现最高效率。可将服务器与网络和存储器聚合成一个统一的IT资源池，供应用程序根据需要随时使用。这种资源优化方式有助于组织实现更高的灵活性，以降低资金成本和运营成本。虚拟基础架构包括裸机管理程序，可使每台x86计算机实现全面虚拟化；虚拟基础架构服务（如资源管理和整合备份）可在虚拟机之间使可用资源达到最优配置；自动化解决方案用于通过提供特殊功能来优化特定IT流程，如部署或灾难恢复。

（4）主流虚拟化技术。

主流虚拟化技术包括服务器虚拟化技术、存储虚拟化技术和网络虚拟化技术。具体而言，存储虚拟化分为基于主机的虚拟化、基于存储设备的虚拟化、基于网络的虚拟化（细分为基于互联设备的虚拟化和基于路由器的虚拟化），网络虚拟化分为基于协议的虚拟化和基于虚拟设备的虚拟化。

4.常见虚拟化软件

（1）VMware虚拟化产品。

VMware,Inc.（Virtual Machine ware）是"虚拟PC"软件公司，提供服务器、桌面

虚拟化解决方案。VMware软件原生集成计算、网络和存储虚拟化技术及自动化和管理功能，支持企业革新其基础架构、自动化IT服务的交付、管理及运行新式云原生应用和基于微服务的应用。主要产品包括VMware Workstation、VMware vSphere、VMware Horizon View。VMware Workstation工作站软件包含一个用于英特尔x86相容计算机的虚拟机套装，其允许用户同时创建和运行多个x86虚拟机。VMware vSphere将应用程序和操作系统从底层硬件分离出来以简化IT操作，包括VMware vCenter Server、VMware vSphere Hypervisor（ESXi）等。vSAN是一款为超融合基础架构解决方案提供支持的软件。vSAN以独特的方式内嵌在Hypervisor中，可为超融合基础架构提供经过闪存优化的高性能存储。NSX是网络虚拟化平台，用软件重现整个网络模式，实现在几秒内创建和调配从简单网络到复杂多层网络的网络拓扑。vRealize Automation实现IT服务自动交付，支持IT将自动化和策略嵌入蓝图（包括网络和安全服务），加速交付生产就绪型基础架构。Pivotal Container Service（PKS）提供基于Kubernetes的可用性生产级容器服务，配备高级网络连接、安全映像注册表和生命周期管理，简化Kubernetes集群的部署和运维。Integrated OpenStack在现有VMware SDDC环境中部署和管理生产级OpenStack，支持开发人员通过不受供应商限制的API访问基于vSphere的基础架构资源。

（2）Citrix虚拟化产品。

Citrix即美国思杰公司，是一家致力于云计算虚拟化、虚拟桌面和远程接入技术的高科技企业。Citrix XenDesktop是一套桌面虚拟化解决方案，可将Windows桌面和应用转变为一种按需服务，向任何地点、使用任何设备的任何用户交付。使用Citrix XenDesktop，不仅可以安全地向PC、Mac、平板设备、智能电话、笔记本电脑和瘦客户端交付单个Windows、Web和SaaS应用或整个虚拟桌面，而且可以为用户提供高清体验。Citrix Hypervisor是针对Citrix Virtual Apps和Desktops工作负载高度优化的虚拟机管理程序平台。其核心功能包括Xen Project虚拟机管理程序、64位控制域。通过XenCenter GUI进行多服务器管理。

（3）微软Hyper-V。

Hyper-V是微软提出的一种系统管理程序虚拟化技术，能够实现桌面虚拟化。Hyper-V采用微内核的架构，兼顾安全性和性能的要求。Hyper-V采用基于VMBus的高速内存总线架构，来自虚机的硬件（显卡、鼠标、磁盘、网络）请求，可以直接经过VSC，通过VMBus总线发送到根分区的VSP，VSP调用对应的设备驱动，直接访问硬件，中间不需要Hypervisor的帮助。Hyper-V可以采用半虚拟化（Para-virtualization）和全虚拟化（Full-virtualization）两种模拟方式创建虚拟机。半虚拟化方式要求虚拟机与物理主机的操作系统（通常是版本相同的Windows）相同，以使虚拟机达到较高的性能；全虚拟化方式要求CPU支持全虚拟化功能（如Inter-VT或AMD-V），以便能够创建使用不同操作系统（如Linux和Mac OS）的虚拟机。

（4）Linux KVM。

通常所说的KVM实际上是KVM和QEMU两种技术的结合，QEMU本身是一种完整的寄居架构软件，采用二进制翻译的方式虚拟化CPU，KVM则采用效率更高的硬件辅助虚拟化CPU。由于KVM只能虚拟化CPU、内存，其他硬件（网卡、硬盘）的虚拟化则是由QEMU来负责的。QEMU是寄居架构，通俗来讲就是工作在Linux上的软件。而KVM则相当于"给Linux内核打了一个补丁"，将Linux部分内核转换为Hypervisor，Linux内核自然属于操作系统，这样看来，KVM的Hypervisor既有寄居（QEMU）又有裸金属（KVM），是一种比较特殊的裸金属。

5.KVM虚拟化技术

（1）KVM原理。

KVM中，虚拟机是常规的Linux进程，由标准Linux调度程序调度；虚拟机的每个虚拟CPU是一个常规的Linux线程。这使得KVM能够使用Linux内核的已有功能。KVM本身不执行任何硬件模拟，需要客户空间程序QEMU通过/dev/kvm接口设置一个客户机虚拟服务器地址空间，向它提供模拟的I/O，并将它的视频显示映射回宿主显示屏。

（2）KVM功能列表。

①支持CPU和memory超分（Overcommit）。

②支持半虚拟化I/O（Virtio）。

③支持热插拔（CPU、块设备、网络设备等）。

④支持对称多处理（Symmetric Multi-Processing，SMP）。

⑤支持动态迁移（Live Migration）。

⑥支持PCI设备直接分配和单根I/O虚拟化（SR-IOV）。

⑦支持内核同页合并（KSM）。

⑧支持NUMA（Non-Uniform Memory Access，非一致存储访问结构）。

（3）KVM工具集合。

①Libvirt：操作和管理KVM虚机的虚拟化API，使用C语言编写，可以由Python、Ruby、Perl、PHP、Java等语言调用。可以操作KVM、vmware、XEN、Hyper-v、LXC

等 Hypervisor。

②Virsh：基于 Libvirt 的 命令行工具（CLI）。

③Virt-Manager：基于 Libvirt 的 GUI 工具。

④Virt-v2v：虚机格式迁移工具。

⑤Virt- 工具：包括 Virt-install（创建 KVM 虚拟机的命令行工具），Virt-viewer（连接到虚拟机屏幕的工具），Virt-clone（虚拟机克隆工具），virt-top（虚拟机统计命令）等。

⑥sVirt：安全工具。

四、任务实施

1. 在 Linux 环境下安装 QEMU-KVM 及 Libvirt 工具

本任务将选择在 VMware Workstation 15 环境下安装 RHEL 8 虚拟机，并在 RHEL 8 虚拟机上安装 KVM，实现 KVM+QEMU+Libvirt 环境配置。KVM 的主要软件组有以下几个：

• Virtualization 提供虚拟机环境，主要包含 QEMU-KVM。

• Virtualization Client 管理和安装虚拟机实例客户端，主要有 Python-Virtinst、Virt-Manager、Virt-Viewer。

• Virtualization Platform 提供访问和控制虚拟客户端的接口，主要有 Libvirt、Libvirt-Client。

• Virtualization Tools 管理离线虚拟机镜像工具，主要有 Libguestfs。

根据需求选择安装上述软件包。

步骤1：添加腾讯云镜像源（RHEL 8/CentOS 8 操作系统需联网），代码如下：

```
[root@RHEL8 ~]#rm -rf /etc/yum.repos.d/
[root@RHEL8 ~]# curl -o /etc/yum.repos.d/CentOS-Base.repo https://mirrors.cloud.tencent.com/repo/centos8_base.repo
```

步骤2：测试 CPU 是否支持虚拟化技术，代码如下：

```
[root@RHEL8 ~]# cat /proc/cpuinfo | grep 'vmx'  //如果出现 "vmx" 字样，表明系统支持虚拟化
```

步骤3：确认是否加载 KVM 模块，代码如下：

```
[root@RHEL8 ~]# lsmod |grep kvm
kvm_intel        245760  0
kvm              745472  1 kvm_intel
irqbypass        16384  1 kvm
```

步骤4：如果未加载则执行如下命令加载KVM，代码如下：

```
[root@RHEL8 ~]# modprobe kvm
```

步骤5：安装KVM相关软件包，其中Libvirt等软件包在后续任务中会使用到，代码如下：

```
[root@RHEL8 ~]# dnf install qemu-kvm qemu-img virt-manager libvirt virt-manager
libvirt-client virt-install virt-viewer
```

或者

```
# dnf groupinstall "Virtualization" "Virtualization Client" "Virtualization Platform"
```

步骤6：启动libvirtd服务并设置开机自启动，代码如下：

```
[root@RHEL8 ~]# systemctl start libvirtd
[root@RHEL8 ~]# systemctl enable libvirtd
```

2.查看Virt-Manager窗口和远程连接服务器

由于Virt-Manager工具是通过调用Libvirt的API实现的，因此要确保QEMU-KVM和Libvirt服务正常运行。

步骤1：确保实验环境中QEMU、Libvirt和Virt-Manager已经安装，代码如下：

```
[root@RHEL8 ~]# rpm -qa|grep qemu
qemu-guest-agent-2.12.0-63.module+el8+2833+c7d6d092.x86_64
qemu-kvm-block-ssh-2.12.0-63.module+el8+2833+c7d6d092.x86_64
......
[root@RHEL8 ~]# rpm -qa|grep libvirt
libvirt-daemon-driver-storage-core-4.5.0-23.module+el8+2800+2d311f65.x86_64
libvirt-daemon-driver-storage-scsi-4.5.0-23.module+el8+2800+2d311f65.x86_64
......
[root@RHEL8 ~]# dnf install virt-manager –y
[root@RHEL8 ~]# rpm -qa | grep virt-manager
virt-manager-common-2.0.0-5.el8.noarch
virt-manager-2.0.0-5.el8.noarch
```

步骤2：打开Virt-Manager查看信息。

可以在RHEL 8的图形界面中执行"活动"→"显示应用程序"→"虚拟系统管理器"命令，打开Virt-Manager，如图2–45所示。

图 2-45 通过 RHEL 8 的图形界面调用虚拟系统管理器

也可以在终端窗口输入命令"virt-manager"，调用虚拟系统管理器，如图 2-46 所示。

图 2-46 在终端窗口输入命令调用虚拟系统管理器

步骤 3：在打开的"虚拟系统管理器"窗口中，选择"编辑"→"连接详情"命令，可以显示"QEMU/KVM 连接详情""概述"，如图 2-47 所示。可以切换至"虚拟网络"或"存储选项卡"，查看相应信息，如图 2-48 所示。

图 2-47 查看"QEMU/KVM 连接详情""概述"信息

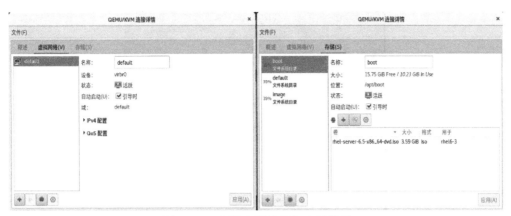

图 2-48　查看虚拟网络和存储情况

步骤 4：通过 Virt-Manager 连接远程主机。

为方便操作演示，在 VMware Workstation 上安装了 RHEL 8-1 与 RHEL 8-2 两台宿主机，并置于 VMware Workstation 的 vmnet1 环境下，分别设置 IP 地址为 172.24.2.10 和 172.24.2.20，代码如下：

```
[root@RHEL8-1 ~]# nmcli
ens33: 已连接 to ens33
        "Intel 82545EM"
        ethernet (e1000), 00:0C:29:4C:AC:05, 硬件, mtu 1500
        inet4 172.24.2.10/24
……
[root@RHEL8-2 ~]# nmcli
ens33: 已连接 to ens33
        "Intel 82545EM"
        ethernet (e1000), 00:0C:29:2A:27:BE, 硬件, mtu 1500
        inet4 172.24.2.20/24
……
```

在 RHEL 8-1 上打开 Virt-Manager 界面，执行"文件"→"添加连接"命令，在弹出的"添加连接"对话框中输入远程主机 RHEL 8-2 的 IP 地址，单击"连接"按钮，如图 2-49 所示。

图 2-49　远程连接 Virt-Manager

如果出现图2-50所示的"虚拟机管理器连接失败"的提示信息，需要手动安装openssh-askpass软件包，代码如下：

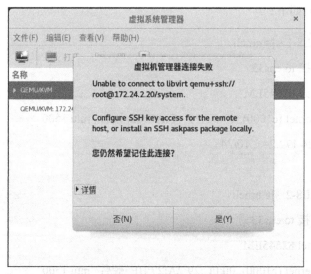

图 2-50　虚拟机管理器连接失败提示信息

```
[root@RHEL8-2 ~]# dnf install openssh-askpass -y
[root@RHEL8-2 ~]# rpm -qa | grep openssh-askpass
openssh-askpass-7.8p1-4.el8.x86_64
```

在OpenSSH连接界面中输入"yes"确认建立连接，并输入远程服务器root账号密码，如图2-51和图2-52所示。最后完成远程登录，如图2-53所示。

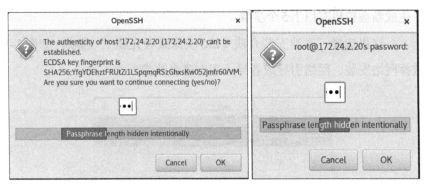

图 2-51　输入"yes"确认建立连接　　图 2-52　输入远程服务器用户密码

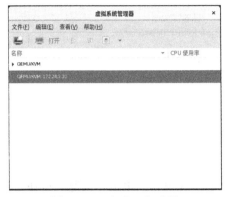

图 2-53　实现远程登录

3.使用Virt-Manager创建并管理虚拟机

首先，提前将准备安装的ISO系统镜像存放到本地或远程服务器的一个目录中，本例在RHEL 8-1中放入/opt/boot/rhel-server-6.5-x86_64-dvd.iso。然后，在本地创建KVM虚拟机。通过ls命令查看/opt/boot路径是否已经放入ISO文件，代码如下：

```
[root@RHEL8-1 ~]# ls /opt/boot
rhel-server-6.5-x86_64-dvd.iso
```

（1）打开Virt-Manager，选择"文件"→"新建虚拟机"命令，如图2-54所示。

图 2-54　选择"新建虚拟机"命令

（2）生成新虚拟机有以下5个步骤。

步骤1：这里选择"本地安装介质（ISO映像或者光驱）"选项，如图2-55所示。也可以选择网络安装、网络引导或者导入现有磁盘映像。

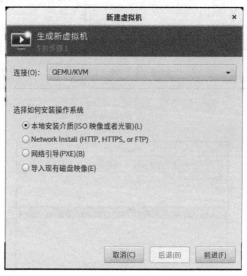

图2-55　选择本地安装介质

步骤2：选择安装介质所在位置，单击"浏览"按钮，选择存储池已有的安装光盘镜像，系统会自动检测操作系统版本，如图2-56所示。单击"前进"按钮进入下一个步骤。

图2-56　选择安装光盘镜像

步骤3：设置内存和CPU大小，数值不能超过主机提供的资源上限，如图2-57所示。设置完成后，单击"前进"按钮。

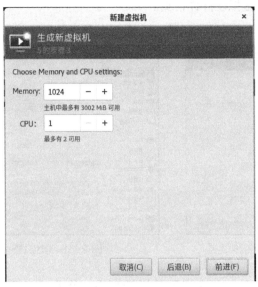

图 2-57 设置内存和 CPU 大小

步骤4：为虚拟机启用存储，默认是在当前主机的/var/lib/libvirt/images下创建存储卷，单击"前进"按钮，如图2-58所示。也可以选择或创建自定义存储，在其他位置创建存储卷。

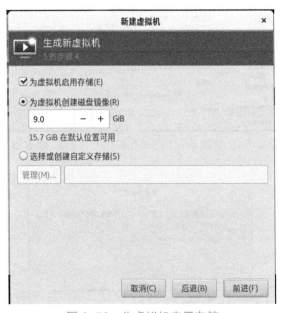

图 2-58 为虚拟机启用存储

步骤5：为新创建的虚拟机命名，这里命名为"rhel6.5"，并在安装前确认安装概况，本例不继续修改"网络"情况，直接单击"完成"按钮，如图2-59所示。接着打开图2-60所示的虚拟硬件详情页。

图 2-59　虚拟机名称设置　　　　　　　　图 2-60　虚拟硬件详情页

（3）如图2-61所示，在虚拟硬件详情页中，修改"显示协议Spice"设置，将Spice服务器类型修改为"VNC服务器"。修改完成后单击"开始安装"按钮，如图2-62所示，开始创建虚拟机。

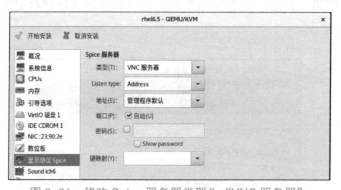

图 2-61　修改 Spice 服务器类型为"VNC 服务器"

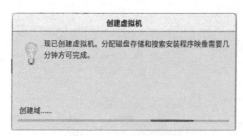

图 2-62　创建虚拟机

（4）在图2-63所示的连接窗口中输入虚拟机登录密码，进入虚拟机安装界面，如图2-64所示。

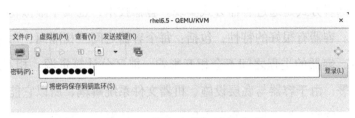

图 2-63　输入虚拟机登录密码

图 2-64　进入虚拟机安装界面

（5）安装成功后，在本地QEMU/KVM下已产生一个新的虚拟机rhel6.5，用同样的方法创建虚拟机rhel6-2、rhel6-3，如图2-65所示。

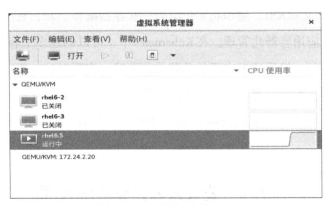

图 2-65　虚拟机安装完成

五、知识拓展

传统的应用部署方式是通过插件或脚本来安装应用。应用的运行、配置、管理、生存周期将与当前操作系统绑定，这样做并不利于应用的升级更新或回滚等操作。虽然也可以通过创建虚拟机的方式来实现某些功能，但是虚拟机同样不方便移植。

新的应用部署方式是通过容器方式实现。容器技术，也属于虚拟化技术，属于轻量级的虚拟化。容器有很好的特性，包括：每个容器之间互相隔离，每个容器都有自己的文件系统，容器的进程之间不会相互影响，能区分计算资源。相对虚拟机来说，容器能快速部署，由于容器与底层设施、机器文件系统解耦，所以它能在不同云、不同版本的操作系统间进行迁移。容器占用资源少、部署快，每个应用都可以被打包成一个容器镜像，每个应用与容器间成一对一关系，各个应用不需要与其他应用堆栈组合，也不依赖于生产环境基础结构，这使得从研发到测试、生产能提供一致环境。容器比虚拟机轻，更"透明"，更便于监控和管理。下面介绍两种常用的容器技术。

（1）Docker。

Docker 是 dotCloud 开源的一个基于 LXC（LXC 就是 Linux 容器虚拟技术—— Linux Container）的高级容器引擎，源代码托管在 GitHub 上，基于 GO 语言并遵从 Apache 2.0 协议开源。Docker 采用客户端/服务器（C/S）架构模式，使用远程 API 来管理和创建 Docker 容器。Docker 容器通过 Docker 镜像来创建。容器与镜像的关系类似于面向对象编程中的对象与类的关系。由于其基于 LXC 的轻量级虚拟化的特点，Docker 相比 KVM 之类最明显的特点就是启动快、资源占用少。因此，Docker 可以用于构建隔离的标准化的运行环境、轻量级的 PaaS、自动化测试和持续集成环境，及其他横向扩展的应用等。

（2）Kubernetes。

Kubernetes，又称 K8s，是 Google 开源的一款容器编排引擎，它支持自动化部署、大规模可伸缩、应用容器化管理。在 Kubernetes 中，可以创建多个容器，每个容器里运行一个应用实例，然后通过内置的负载均衡策略，实现对这一组应用实例的管理、发现、访问，而这些细节都不需要运维人员进行复杂的手动配置和处理。K8s 作为基于容器的集群管理平台，可以对 Docker 及容器进行更高级、更灵活的管理。

任务6 公有云云计算资源管理

一、任务描述

公有云通常是指用户能够通过 Internet 使用的由第三方提供的云服务，与传统的私有数据中心相比，公有云成本相对低廉，被认为是云计算的主要形态。我们平时所提及的云服务，是在云计算上述技术架构的支撑下对外提供的一种按需分配、可计量的IT服务模式。这种服务模式可以替代用户本地自建的IT服务。近几年，我国云计算行业的市场规模持续增长，根据中国信通院发布的数据显示，2016—2019年，中国公共云市场规模逐年上升，增速保持在55%以上。预计到2022年，市场规模将超过2700亿美元。云上应用的部署和搭建，需要进一步掌握公有云基本配置和操作。

二、问题引导

要完成云计算资源管理任务，需要掌握云服务器、云数据库、云块存储、云对象存储、私有网络、负载均衡等概念，具备申请与配置云服务器、云数据库、云块存储、云对象存储的能力，并能够将自己的网站部署到云上。

三、知识准备

1.云计算概述

1）云计算的概念

美国国家标准与技术研究院（National Institute of Standards and Technology，NIST）对云计算（Cloud Computing）的定义：云计算是一种按使用量付费的模式，这种模式提供可用的、便捷的、按需的网络访问，进入可配置的计算资源共享池（资源包括网络、服务器、存储、应用软件、服务），这些资源能够被快速提供，只需投入很少的管理工作，或与服务供应商进行很少的交互。从厂商的角度来看，云计算的"云"是存在于互联网服务器集群上的资源，它包括硬件资源（如CPU处理器、内存储器、外存储器、显卡、网络设备、输入输出设备等）和软件资源（如操作系统、数据库、集成开发环境等），所有的计算都在云计算服务提供商所提供的计算机集群上完成；从用户的角度来看，云计算是指技术开发者或企业用户以免费或按需租用方式，利用云计算服务提供商基于分布式计算和虚拟化技术搭建的计算中心或超级计算机，使用数据存储、分析及科学计算等服务；从抽象的角度来看，云计算是一种商业计算模型，它将计算任务分布在大量计算机构成的资源池上，使各种应用系统能够根据需要获取计算力、存储空间和信息服务。

2）云计算的基本特征

（1）按需要服务。

用户可根据自己的需要获取计算资源，如服务器、存储等，用户不需要与资源提供商进行人的交互。

（2）广泛的网络访问。

用户可以通过网络访问云服务：IP网络用户可以在任何地点以任何方式访问云服务。

（3）资源共享。

提供商的计算资源形成一个资源池，采用多租户模式为多用户提供服务。计算资源可以根据用户的需求动态地进行分配，也可以重新分配不同的物理和虚拟资源。

（4）快速弹性。

容量可以在某些情况下快速地扩展或者快速地收缩。对用户而言，可用的供应容量一般无限制，同时可以在任何时间购买到任何数量的容量。

（5）服务可度量。

云系统可以在某些抽象的层次上对用于提供服务的计算能力进行自动控制和优化资源的使用。对资源的使用可以进行监控、控制和报告。

3）云计算服务类型

（1）基础架构即服务（Infrastructure as a Service，IaaS）。

基础架构即服务一般面向的是企业用户，其代表有Amazon的AWS（Amazon Web Services），还有国内的腾讯云等。这种云计算最大的特点在于，它并不像传统的服务器租赁商一样出租具体的服务器实体，它出租的是服务器的计算能力和存储能力。腾讯云将计算中心所有服务器的计算能力和存储能力整合成一个整体，然后将其划分为一个个虚拟的实例，每一个实例代表着一定的计算能力和存储能力。购买腾讯云计算服务的公司就以这些实例作为计量单位。基础架构即服务与平台即服务有显著的区别，基础架构即服务提供的只有计算能力和存储能力的服务，平台即服务除了提供计算能力和存储能力的服务，还有完备的开发工具包和配套的开发环境。也就是说，开发者使用平台即服务时，可以直接进行开发工作。而使用基础架构即服务时，则必须先进行安装操作系统、搭建开发环境等准备工作。基础架构即服务是云计算的基石，平台即服务和软件即服务在基础架构即服务的基础上构建，分别为开发者和消费者提供服务，而它本身则为大数据服务。

（2）平台即服务（Platform as a Service，PaaS）。

与软件即服务不同，平台即服务是面向开发者的云计算。这种云计算最大的特点就是它自带开发环境，并向开发者提供开发工具包。其代表有Google的GAE（Google App Engine），还有国内的百度BAE、新浪SAE等。PaaS表示硬件和应用软件平台将由外部云服务提供商提供和管理，而用户负责管理平台上运行的应用及应用所依赖的数据。PaaS 主要面向开发人员和编程人员，旨在为用户提供一个共享的云平台，用于进行应用的开发和管理（DevOps 的一个重要组成部分），而无须构建和维护通常与该流程相关联的基础架构。现在，开发者如果购买平台即服务云计算，就可以省去费时费力的准备工作，直接进行网站开发即可。不仅如此，开发者还可以使用各种现成的服务，比如 GAE 会向开发者提供 Google 内部使用的先进的开发工具和领先的大数据技术。这一切都使得网站开发变得比以前要轻松得多，这也是云计算时代互联网更加繁荣的原因之一。

（3）软件即服务（Software as a Service，SaaS）。

软件即服务是普通消费者可以感知到的云计算，其代表有 Dropbox，还有国内用户熟悉的百度云、腾讯微云等。这种云计算最大的特点就是消费者并不购买任何实体产品，而是购买具有与实体产品同等功能的服务。SaaS 是将云服务提供商管理的软件应用交付给用户的服务。通常来说，SaaS 应用是一些用户可通过网页浏览器访问的 Web 应用或移动应用。该服务会为用户完成软件更新、错误修复及其他常规软件维护工作，而用户将通过控制面板或 API 连接至云应用。此外，SaaS 还消除了在每个用户计算机上本地安装应用的必要性，从而使群组或团队可使用更多方法来访问软件。三种服务类型示意图如图 2-66 所示。

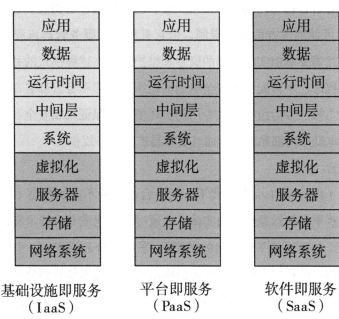

图 2-66 三种服务类型示意图

4）云计算的部署模式

（1）公有云。

公有云（Public Clouds），"公有"反映了这类云服务不属于用户所有，而公有云是向公众提供计算资源的服务。应用程序和存储资源由IDC服务提供商或第三方提供，这些资源部署在服务提供商的内部，用户通过互联网访问这些资源。公有云服务提供商有亚马逊（Amazon）、谷歌（Google）和微软（Microsoft），以及中国的阿里云（Ariyun）、百度（Baidu）和腾讯云等。其缺点是对于云端的资源缺乏控制，无法兼顾隐私和保密数据的安全性。由于公有云共享资源的特性，流量峰值期间容易出现性能问题（如网络阻塞问题）。

（2）私有云。

私有云（Private Clouds）是传统企业数据中心的延伸和优化，它可以为各种功能提供存储容量和处理能力。"私有"更多的是指这样的平台是非共享资源，而不是它们的安全优势。私有云是客户单独使用的，因此其数据的安全性和服务质量比公有云有更大的保证。因为私有云是客户专有的，所以用户拥有构建云的基本设置，并且可以控制如何在这一技术设置上部署适当的过程。在私有云模型中，云平台的资源专用于包含多个用户的单个组织。私有云可以由组织、第三方或两者共同拥有、管理和操作。私有云可以部署在组织内部或组织之外。私有云又分为内部私有云和外部私有云两种。内部私有云也称为内部云，由组织在自己的数据中心构建。这种模式的私有云在规模和资源可伸缩性方面受到限制，但它有利于云服务管理流程和安全性的标准化。该组织仍然需要承担实物资源的资金和维护成本。这种模式的私有云适用于需要完全控制应用程序、平台配置和安全机制的组织。外部私有云部署在组织之外，由第三方组织管理。第三方为组织提供专门的云环境，并保证隐私安全和机密性。这种模式的私有云成本低于内部私有云，而且更容易扩大业务规模。

（3）混合云。

在混合云（Hybrid Cloud）模式下，云平台由两种不同的模型（私有或公共）云平台组成。这些平台仍然是独立的实体，但通过标准化或专有技术实现数据和应用程序的相互迁移（如不同云平台之间的平衡）。采用混合云模式，一个机构可以充分利用公有云的可伸缩性和成本优势，将辅助应用程序和数据部署到公有云中。同时，关键任务的应用程序和数据被放置在私有云中，安全性更高。云计算的三种部署模式如图2-67所示。

图 2-67　云计算的三种部署模式

5）全球主流云计算服务提供商

（1）Amazon Web Services（AWS）。

AWS是全球功能最全面、应用最广泛的云平台，从全球数据中心提供超过 200 项功能齐全的服务。亚马逊于2006年推出AWS，目前已经运营15年，在技术和服务上都有大量的积累。AWS提供的服务包括：亚马逊弹性计算网云（Amazon EC2）、亚马逊简单储存服务（Amazon S3）、亚马逊简单数据库（Amazon SimpleDB）、亚马逊简单队列服务（Amazon Simple Queue Service）及 Amazon CloudFront等。AWS在全球市场上占据最大的份额。其他任何云服务提供商都无法提供如此多的具有多个可用区的区域，AWS在全球22个地理区域内运营着69个可用区。

（2）Microsoft Azure。

微软基于云计算的操作系统，是微软"软件和服务"技术的名称。Microsoft Azure的主要目标是为开发者提供一个平台，帮助其开发可运行在云服务器、数据中心、Web和PC上的应用程序。云计算的开发者能使用微软全球数据中心的储存、计算能力和网络基础服务。Azure服务平台包括以下主要组件：Microsoft Azure，Microsoft SQL数据库服务，Microsoft .Net服务，用于分享、储存和同步文件的Live服务，针对商业的 Microsoft SharePoint 和 Microsoft Dynamics CRM服务。微软公有云的优势在于其强大的软件产品体系和企业客户积累。

（3）阿里云。

阿里云创立于2009年，阿里巴巴作为国内互联网巨头在公有云市场占据了先发优势，致力于以在线公共服务的方式，提供安全、可靠的计算和数据处理能力，让计算和人工智能成为普惠科技。阿里云服务于制造、金融、政务、交通、医疗、电信、能源等众多领域的领军企业，包括中国联通、12306、中石化、中石油、飞利浦、华大基因等大型企业客户，以及微博、知乎、锤子科技等明星互联网公司。

（4）腾讯云。

腾讯云有着深厚的基础架构，并且有着多年海量互联网服务经验，不管是社交、游戏还是其他领域，都有成熟产品来提供产品服务。腾讯在云端完成重要部署，为开发者及企业提供云服务、云数据、云运营等整体一站式服务方案。具体包括云服务器、云存储、云数据库和弹性 Web 引擎等基础云服务；腾讯云分析（MTA）、腾讯云推送（信鸽）等腾讯整体大数据能力；以及 QQ 互联、QQ 空间、微云、微社区等云端链接社交体系。这些正是腾讯云可以提供给这个行业的差异化优势，造就了可支持各种互联网使用场景的高品质的腾讯云技术平台。腾讯云虽然进入市场较晚，但基于腾讯自身在游戏、视频、社交、出行等业务场景中的强势地位，市场份额占比一直在不断扩大。

2.腾讯云服务器产品

腾讯云服务器产品多样，不同产品的功能特性各有不同，适用于不同的场景，如图2-68所示。

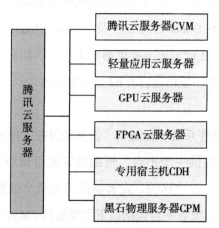

图 2-68 腾讯云服务器产品类型

（1）腾讯云服务器 CVM。

腾讯云服务器（Cloud Virtual Machine，CVM）在云中提供可扩展的计算服务，避免了使用传统服务器时需要预估资源用量及前期投入的情况。通过使用腾讯云服务器 CVM，可以在短时间内快速启动任意数量的云服务器并即时部署应用程序。腾讯云服务器 CVM 支持用户自定义一切资源：CPU、内存、硬盘、网络、安全等，并可在访问量和负载等需求发生变化时轻松地进行调整。表2-3所示为云服务器CVM与传统服务器的对比。

表 2-3　云服务器 CVM 与传统服务器的对比

	云服务器 CVM	传统服务器
资源灵活度	弹性计算	资源短缺或闲置
配置灵活度	灵活配置	固定配置
稳定与容灾	稳定可靠	手动容灾、安全不可动
管理方式	简单易用	自行装机、扩展硬件
访问控制	安全网络	难以实现精细化网络策略
安全防护	全面防护	额外购买安全防护服务
成本	计费灵活	费用昂贵、运维成本高

（2）轻量应用云服务器。

轻量应用云服务器（Lighthouse）是面向中小企业和开发者的新一代云服务器产品，具备轻运维、开箱即用的特点，适用于小型网站、博客、论坛、电商及云端开发测试和学习环境等轻量级业务场景，相比传统云服务器更加简单易用，并通过一站式融合常用基础云服务帮助用户便捷高效地构建应用，是使用腾讯云的最佳入门途径。

（3）GPU云服务器。

GPU云服务器（GPU Cloud Computing）是基于 GPU 的快速、稳定、弹性的计算服务，主要应用于深度学习训练/推理、图形图像处理及科学计算等场景。GPU 云服务器提供和标准云服务器 CVM 一致的方便快捷的管理方式。GPU云服务器利用其快速处理海量数据的强大的计算性能，有效缓解了用户的计算压力，提升了业务处理效率与竞争力。

（4）FPGA 云服务器。

FPGA 云服务器（FPGA Cloud Computing）是基于FPGA（Field Programmable Gate Array）现场可编程阵列的计算服务，支持快速部署FPGA计算实例，支持在FPGA实例上编程，为应用程序创建自定义硬件加速，提供可重编程的环境，可以在FPGA实例上多次编程，而无须重新设计硬件。

（5）专用宿主机CDH。

专用宿主机CDH（CVM Dedicated Host）可以以独享宿主机资源的方式购买、创建云主机，以满足资源独享、安全、合规需求；购买专用宿主机后，可在其上灵活创建、管理多种自定义规格的独享型云主机。

（6）黑石物理服务器CPM。

黑石物理服务器CPM是一种包年包月的裸金属云服务，提供云端独享的高性能的、无虚拟化的、安全隔离的物理服务器集群。使用该服务，只需根据业务特性弹性伸缩物理服务器数量，获取物理服务器的时间将缩短至分钟级。将容量管理及运维工作交给腾讯云来完成，用户可专注于业务创新。

3.云数据库产品

腾讯云数据库提供的公有云PaaS产品架设在高性能的物理设备操作系统之上，提供了三大类PaaS产品：第一类是SQL级的服务，即关系型数据库，包括MySQL、SQL Server、PostgreSQL、MariaDB等。第二类是NoSQL，包括Redis、Memcached、MongoDB、CTSDB。第三类是NewSQL，腾讯数据库依托自身强大的自研能力提供了CynosDB、TDSQL等自研的云原生数据库。结合用户使用数据库的痛点及生态链的建设需要，腾讯云数据库提供了迁移上云服务、运维智能监控、订阅商业分析、智能管家DBbrain，为用户提供一键式故障定位分析和优化服务，以及数据库管理和数据库可视化等数据库SaaS层产品。基于SaaS和PaaS产品，在产品矩阵的顶层，腾讯云数据库针对各行业实际业务的特性，为电商行业、金融行业、零售行业、安防行业、工业行业和教育行业设计了符合行业特性的多种行业数据库解决方案，如图2-69所示。

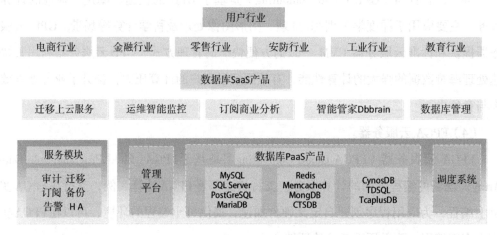

图2-69　腾讯云数据库产品矩阵

腾讯云数据库主营如下PaaS产品。

（1）云数据库 MySQL。

云数据库 MySQL（TencentDB for MySQL）是腾讯云基于开源数据库 MySQL 专业打造的高性能分布式数据存储服务，通过云数据库MySQL，在几分钟内即可部署可扩展的 MySQL 数据库实例。不仅经济实惠，而且可以弹性调整硬件容量大小而无须停机。云数据库 MySQL 提供备份回档、监控、快速扩容、数据传输等数据库运维全套解决方案，简化了 IT 运维工作，更加专注于业务发展。

（2）云数据库 Redis。

云数据库 Redis（TencentDB for Redis）是由腾讯云提供的兼容 Redis 协议的缓存数据库，具备高可用、高可靠、高弹性等特点。云数据库 Redis 服务兼容 Redis 2.8、Redis 4.0、Redis 5.0 版本协议，提供标准和集群两大架构版本。最大支持 4 TB 的存储容量、千万级的并发请求，可满足业务在缓存、存储、计算等不同场景中的需求。

（3）云数据库 SQL Server。

云数据库 SQL Server（TencentDB for SQL Server）具有微软正版授权，可持续为用户提供最新的功能，避免了未授权使用软件的情况。具有即开即用、稳定可靠、安全运行、弹性扩缩容等特点，同时具备高可用架构、数据安全保障和故障秒级恢复功能，使用户能够专注于应用程序的开发。

（4）云数据库 MongoDB。

云数据库 MongoDB（TencentDB for MongoDB）是腾讯云基于开源非关系型数据库 MongoDB 打造的高性能、分布式专业数据存储服务，完全兼容 MongoDB 协议，适用于面向非关系型数据库的场景。

云数据库产品的对比如表2-4所示。

表 2-4 云数据库产品对比

产品名	组织方式	对应开源产品	应用场景
云数据库 MySQL	关系型数据	MySQL	游戏应用典型场景、互联网和移动 App 应用典型场景、金融场景
云数据库 Redis	非关系型数据	Redis	游戏场景积分排行和购物推荐
云数据库 MariaDB	关系型数据库	MySQL	数据云灾备、业务系统上云、混合云、开发测试、读写分离

产品名	组织方式	对应开源产品	应用场景
云数据库 MongoDB	非关系型数据	MongoDB	游戏行业、移动行业、物联网行业、物流行业、视频直播行业
游戏数据库 TcaplusDB	非关系型数据	TcaplusDB	针对游戏业务的开发、运营需求
时序数据库 CTSDB	非关系型数据库	InfluxDB	监控系统物联网
云数据库 Postgres SQL	关系型数据库	Postgres SQL	企业数据库、LBS 数据库、大数据建站
云数据库 Memcache	非关系型数据	Memcache	游戏数据场景、站点数据缓存、社交应用、电商数据缓存
云数据库 SQL Server	关系型数据库	微软 SQL Server	电商 /O2O/ 旅游、金融行业、游戏、移动办公、数据仓库和数据分析平台

4.云存储产品

1）对象存储

（1）对象存储概述。

对象存储，也叫作基于对象的存储，是用来描述解决和处理离散单元的方法的通用术语，这些离散单元被称作对象。

就像文件一样，对象包含数据，但和文件不同的是，对象在一个层结构中不会再有层级结构。每个对象都在一个被称作存储池的扁平地址空间的同一级别里，一个对象不会属于另一个对象的下一级。

文件和对象都有与它们所包含的数据相关的元数据，但是对象是以扩展元数据为特征的。每个对象都会被分配一个唯一的标识符，允许一个服务器或者最终用户检索对象，而不必知道数据的物理地址。这种方法对于在云计算环境中自动化和简化数据存储有帮助。

（2）对象存储COS。

对象存储（Cloud Object Storage，COS）是腾讯云提供的一种存储海量文件的分布式存储服务，用户可通过网络随时存储和查看数据。腾讯云 COS 使所有用户都能使用具备高可扩展性、低成本、可靠且安全的数据存储服务。

COS通过控制台、API、SDK和工具等多样化方式简单、快速地接入，实现了海量数据存储和管理。通过COS可以进行任意格式文件的上传、下载和管理。腾讯云提供了直观的Web管理界面，同时，遍布全国范围的CDN节点可以加速文件下载。

（3）对象存储应用场景。

公有云通常提供标准、低频访问、归档3种存储类型，全面覆盖从热到冷的各种数据存储场景。其中标准存储类型提供高可靠、高可用、高性能的对象存储服务，能够支持频繁的数据访问操作；低频访问存储类型适合长期保存不经常访问的数据（访问频率为每月1~2次），存储单价低于标准类型；归档存储类型适合需要长期保存（建议为半年以上）的归档数据，在3种存储类型中单价最低。

2）块存储

（1）块存储概述。

块存储是公有云为云服务器提供的块设备类型产品，具备高性能、低时延等特性。用户可以像使用物理硬盘一样格式化并建立文件系统来使用块存储，可满足绝大部分通用业务场景下的数据存储需求。常见的块存储包括基于分布式存储架构的云盘、共享块存储产品，以及基于物理机本地硬盘的本地盘产品。

（2）云硬盘CBS。

云硬盘（Cloud Block Storage，CBS）是一种高可用、高可靠、低成本、可定制化的块存储设备，可以作为云服务器的独立可扩展硬盘使用，为云服务器实例提供高效可靠的存储设备。云硬盘提供数据块级别的持久性存储，通常用作需要频繁更新、细粒度更新的数据（如文件系统、数据库等）的主存储设备，具有高可用、高可靠和高性能的特点。

云硬盘采用三副本的分布式机制，将数据备份在不同的物理机上，可有效避免单点故障引起的数据丢失等问题，提高了数据的可靠性。

可通过控制台轻松购买、调整及管理云硬盘设备，并通过构建文件系统创建出高于单块云硬盘容量的存储空间。根据生命周期的不同，云硬盘可分为以下几类：

①非弹性云硬盘的生命周期完全跟随云服务器，随云服务器一起购买并作为系统盘使用，不支持挂载与卸载。

②弹性云硬盘的生命周期独立于云服务器，可单独购买然后手动挂载至云服务器，也可随云服务器一起购买并自动挂载至该云服务器，作为数据盘使用。弹性云硬盘支持随时在同一可用区内的云服务器上挂载或卸载。可以将多块弹性云硬盘挂载至同一云服

务器上，也可以将弹性云硬盘从云服务器 A 中卸载后再挂载到云服务器 B 上。

（3）块存储应用场景。

①拓展存储空间。云服务器在使用过程中发现硬盘空间不足，可以通过购买一块或多块云硬盘挂载至云服务器上满足存储容量需求。

②按需购买。购买云服务器时不需要额外的存储空间，有存储需求时再通过购买云硬盘扩展云服务器的存储容量即可。

③实现数据交互。在多个云服务器之间存在数据交换诉求时，可以通过卸载云硬盘（数据盘）并重新挂载到其他云服务器上实现。

④配置 LVM 逻辑卷。可以通过购买多块云硬盘并配置 LVM（Logical Volume Manager）逻辑卷来突破单块云硬盘存储容量上限。

⑤配置 RAID 策略。可以通过购买多块云硬盘并配置 RAID（Redundant Array of Independent Disks）策略来突破单块云硬盘 I/O 能力上限。

3）文件存储

（1）文件存储概述。

文件存储也称为文件级存储或基于文件的存储，且如您所想：数据会以单条信息的形式存储在文件夹中，正如将几张纸放入一个文件夹中一样。当需要访问该数据时，计算机需要知道相应的查找路径。存储在文件中的数据会根据数量有限的元数据进行整理和检索，这些元数据会告诉计算机文件所在的确切位置。它就像是数据文件的库卡目录。

（2）文件存储 CFS。

文件存储（Cloud File Storage，CFS）提供了可扩展的共享文件存储服务，可与腾讯云的 CVM、容器、批量计算等服务结合使用。CFS 提供了标准的 NFS 及 CIFS/SMB 文件系统访问协议，为多个 CVM 实例或其他计算服务提供共享的数据源，支持弹性容量和性能扩展，现有应用无须修改即可挂载使用，是一种高可用、高可靠的分布式文件系统，适用于大数据分析、媒体处理和内容管理等场景。

文件存储接入简单，无须调节自身业务结构或进行复杂的配置。只需三步即可完成文件系统的接入和使用：创建文件系统，启动服务器上文件系统客户端，挂载创建的文件系统。

（3）文件存储使用场景。

①企业文件共享。CFS 提供的存储服务适合成员众多且需要访问和共享相同数据集

的组织。管理员可以使用 CFS 来创建文件系统并为组织中的客户端设置读写权限。

②高性能计算及大数据分析。CFS 提供了高性能计算及大数据应用程序所需的规模和性能、计算节点高吞吐量、写后读一致性及低延迟文件操作，特别适合机器学习、AI 训练、服务器日志集中处理和分析等场景。

③流媒体处理。视频编辑、影音制作、广播处理、声音设计和渲染等媒体工作流程通常依赖共享存储来操作大型文件。强大的数据一致性模型加上高吞吐量和共享文件访问，可以缩短完成上述工作所需的时间。

④内容管理和 Web 服务。CFS 可以作为一种持久性强、吞吐量高的文件系统，用于各种内容管理系统，为网站、在线发行、存档等各种应用存储和提供信息。

⑤专用软件环境。CFS 提供了政府、教育、医疗等行业传统服务架构迁移上云的基础，专用软件通常需要共享同一个文件存储系统，且仅支持 POSIX 标准协议操作。

5.云网络产品

1）私有网络

私有网络是在腾讯云上可以独享并可自主规划的一个完全逻辑隔离的网络空间，在使用云资源之前，必须创建一个私有网络和子网。子网是私有网络中的一个网络空间，私有网络具有地域属性，子网具有可用区属性，一个私有网络内至少包含一个子网，可以在一个私有网络中创建多个子网来划分网络，同一私有网络中的子网默认内网互通。

私有网络的核心组成部分包括：私有网络网段、子网和路由表。

（1）私有网络网段。

用户在创建私有网络时，需要用 CIDR（无类别域间路由）作为私有网络指定 IP 地址组。腾讯云私有网络 CIDR 支持使用以下私有网段中的任意一个：

- 10.0.0.0 – 10.255.255.255（掩码范围需在 16 ~ 28）；
- 172.16.0.0 – 172.31.255.255（掩码范围需在 16 ~ 28）；
- 192.168.0.0 – 192.168.255.255（掩码范围需在 16 ~ 28）。

注：CIDR 表示法，其中"16"代表二进制 16 个"1"，翻译过来就是 255.255.0.0。

（2）子网。

子网是私有网络的一个网络空间，云资源部署在子网中。一个私有网络中至少有一个子网，因此在创建私有网络时，会同步创建一个初始子网。私有网络中的所有云资源（如云服务器、云数据库等）都必须部署在子网内，子网的 CIDR 必须在私有网络的 CIDR 内。当有多个业务需要部署在不同子网中，或已有子网不能满足业务需求时，可以在私有网络中继续创建新的子网。

私有网络具有地域（Region）属性（如广州），而子网具有可用区（Zone）属性（如广州一区），可以为私有网络划分一个或多个子网，同一私有网络下不同子网默认内网互通，不同私有网络间（无论是否在同一地域）默认内网隔离，如图 2-70 所示。

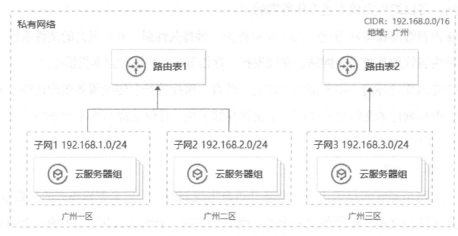

图 2-70　私有网络架构

（3）路由表。

用户创建私有网络时，系统会自动为其生成一个默认路由表，以保证同一私有网络下的所有子网互通，当默认路由表中的路由策略无法满足应用需求时，则可以创建自定义路由表。

在规划私有网络网段时，需要注意以下几点：

• 如果需要建立多个私有网络，且私有网络间或私有网络与 IDC 间有通信需求时，请避免多个私有网络网段重叠。

• 如果私有网络需要和基础网络互通，请创建网段范围在 10.[0~47].0.0/16 及其子集的私有网络，其他网段的私有网络无法创建基础网络互通。

• VPC CIDR 和子网 CIDR 创建后都不能修改。当 VPC CIDR 和子网 CIDR 地址不足时，可通过创建辅助 CIDR 来解决，但是辅助 CIDR 处于内测阶段且会增加操作的复杂性，因此建议在创建 VPC 和子网时合理规划网段地址。

在规划子网网段时，需要注意以下几点：

• 子网网段范围：可选择在私有网络网段范围内或与私有网络网段相同的网段作为子网网段，如私有网段为10.0.0.0/16，则可选择10.0.0.0/16~10.0.255.255/28的网段作为子网网段。

• 子网大小和IP容量：子网创建后不可修改，因此创建子网时应使子网网段的IP容量满足需求，但子网不宜过大，以防后续进行业务扩展时无法再创建新的子网。

• 业务需求：同一个私有网络下可按照业务模块划分子网，如Web层、逻辑层、数据层分别部署在不同子网，不同子网间可使用网络ACL进行访问控制。

2）负载均衡CLB

（1）负载均衡的概念。

负载均衡（Cloud Load Balancer）是对多台云服务器进行流量分发的服务。负载均衡可以通过流量分发扩展应用系统对外服务的能力，通过消除单点故障提升应用系统的可用性。

负载均衡服务通过设置虚拟服务地址（VIP），将位于同一地域的多台云服务器资源虚拟成一个高性能、高可用的应用服务池。根据应用指定的方式，将来自客户端的网络请求分发到云服务器池中。

负载均衡服务会检查云服务器池中云服务器实例的健康状态，自动隔离异常状态的实例，从而解决了云服务器的单点问题，同时提高了应用的整体服务能力。

腾讯云提供的负载均衡服务具备自助管理、自助故障修复、防网络攻击等高级功能，适用于企业、社区、电子商务、游戏等多种用户场景。

（2）组成部分及工作原理。

一个提供服务的负载均衡组通常由以下部分组成：

• Cloud Load Balancer：负载均衡实例，用于流量分发。

• VIP（Virtual IP）：负载均衡向客户端提供服务的IP地址。

• Backend/Real Server：后端一组云服务器实例，用于实际处理请求。

• VPC/基础网络：整体网络环境。

来自负载均衡外的访问请求，通过负载均衡实例并根据相关策略和转发规则分发到后端云服务器进行处理。

负载均衡器接受来自客户端的传入流量，并将请求路由到一个或多个可用区的后端云服务器实例上进行处理。

负载均衡服务主要由负载均衡监听器提供。负载均衡监听器负责监听负载均衡实例上的请求、将执行策略分发至后端服务器，通过配置客户端—负载均衡和负载均衡—后端服务器两个维度的转发协议及协议端口，负载均衡可以将请求直接转发到后端云服务器上。

配置负载均衡监听器的后端CVM实例时可以跨多个可用区。如果一个可用区变得不可用，负载均衡监听器会将流量路由到其他可用区正常运行的实例上去，从而避免可用区故障引起的服务中断问题。

客户端请求通过域名访问服务，在请求发送到负载均衡器之前，DNS服务器将会解析负载均衡域名，并将接收到请求的负载均衡IP地址返回至客户端。当负载均衡监听器接收到请求时，将会使用不同的负载均衡算法将请求分发到后端服务器中。目前腾讯云支持加权轮询和ip_hash加权最小连接数等多种均衡算法。

负载均衡监听器还可以监控后端实例的运行状况，从而确保只将流量路由到正常运行的实例上去。当负载均衡监听器检测到运行不正常的实例时，它会停止向该实例路由流量，然后会在它再次检测到实例正常运行之后重新向其路由流量。

3）弹性公网IP

（1）弹性公网IP的概念。

弹性公网IP（Elastic IP，EIP），是可以独立购买和持有的、某个地域下固定不变的公网IP地址。EIP可以与CVM、NAT网关、弹性网卡和高可用虚拟IP绑定，提供访问公网和被公网访问的能力。

（2）弹性公网IP类型。

腾讯云支持常规BGP IP、精品BGP IP、加速IP和静态单线IP等多种类型的弹性公网IP。

- 常规BGP IP：用于平衡网络质量与成本。
- 精品BGP IP：专属线路，避免绕行国际运营商出口，网络延迟更低。
- 加速IP：采用Anycast加速，使公网访问更稳定、可靠、低延迟。
- 静态单线IP：通过单个网络运营商访问公网，成本低且便于自主调度。

（3）弹性公网IP和普通公网IP的区别。

公网IP地址是Internet上的非保留地址，有公网IP地址的云服务器可以和Internet上的其他计算机相互访问。普通公网IP和弹性公网IP均为公网IP地址，二者均可为云资源提供访问公网和被公网访问的能力。普通公网IP仅能在购买CVM时分配且无法与CVM解绑，如购买时未分配，则无法获得。而弹性公网IP可以独立购买和持有的公网IP地址资源，可随时与CVM、NAT网关、弹性网卡和高可用虚拟IP等云资源绑定或解绑。

四、任务实施

1.云服务器的创建和配置

云服务器的配置选择和应用类型、访问量、数据量大小等因素有关。可以根据实际需求选择适合的参数。通常情况下，网站初始阶段访问量小，服务器的配置可以不用太高，云服务器具有强大的弹性扩展能力和快速开通能力，随着业务增加，可以随时在线增加服务器的CPU、内存、硬盘等配置。云服务器在创建和配置过程中，涉及如下相关概念。

（1）实例：一台云服务器实例等同于一台虚拟机，云端的虚拟计算资源，包括CPU、内存、操作系统、网络、磁盘等最基础的计算组件。

（2）实例类型：腾讯云提供的云服务器的各种不同CPU、内存、存储和网络配置。

（3）计费模式：腾讯云提供了三种类型的云服务器购买方式：包年包月、按量计费和竞价实例，分别满足不同场景下的用户需求。包年包月是云服务器实例的一种预付费模式，提前一次性支付一个月或多个月甚至多年的费用。这种付费模式适用于可提前预估设备需求量的场景，价格相较于按量计费模式更低廉。按量计费是云服务器实例的弹性计费模式，可以随时开通/销毁实例，按实例的实际使用量付费。竞价实例是云服务器的一种新实例运作模式，与按量付费模式类似，属于后付费模式（按秒计费，整点结算）。

（4）镜像：镜像提供了创建实例所需的信息，是一种云服务器软件配置（操作系统、预安装程序等）模板。镜像可以启动多个实例，供用户反复使用。镜像包含：①公共镜像，所有用户均可使用，涵盖大部分主流操作系统。②镜像市场，所有用户均可使用，除操作系统外还集成了特定的应用程序。③自定义镜像，仅创建者和共享对象可以使用，由现有运行实例创建。④共享镜像，由其他用户共享而来的镜像。

（5）存储：存储分为系统盘和数据盘。系统盘类似Windows系统下的C盘，系统盘中包含用于启动实例镜像的完全副本及实例运行环境。启动时必须选择大于使用镜像的系统盘大小。数据盘类似Windows下的其他盘。数据盘用于保存用户数据，可以自由扩容、挂载和卸载。系统盘和数据盘都可以使用腾讯云提供的不同存储类型。

（6）网络环境：可以分为基础网络和私有网络。基础网络是所有用户的公共网络资源池。私有网络是自定义的逻辑隔离网络空间。私有网络下的实例可被启动在预设的自定义网段下，与其他用户相互隔离。

（7）IP地址：腾讯云提供内网IP和公网IP。简单理解就是，内网IP提供局域网（LAN）服务，云服务器之间相互访问。公网IP在用户需要在云服务器实例上访问Internet服务时使用。

（8）安全组：可以理解为一种虚拟防火墙，具备状态检测和数据包过滤功能，用于一台或者多台云服务器网络访问控制，安全组是重要的网络安全隔离手段。

（9）登录方式：为保证实例安全可靠，公有云通常会提供加密的登录方式，包括安全性高的SSH密钥对和普通密码的密钥登录。SSH密钥登录认证更为安全可靠，可以杜绝暴力破解，且登录方式也更简单，只需要在控制台和本地客户端做简单配置即可。

（10）地域和可用区：地域（Region）是指物理的数据中心所在的地理区域。腾讯云不同地域之间完全隔离，以最大限度地保证不同地域间的稳定性和容错性。为了降低访问时延、提高下载速度，建议选择最靠近的地域，如深圳可以选择的地域为"广州"。不同地域之间的网络完全隔离，不同地域之间的云产品默认不能通过内网进行通信。不同地域之间的云产品可以通过公网IP进行访问。可用区（Zone）是指腾讯云在同一地域内电力和网络相互独立的物理数据中心。其目标是保证可用区间故障相互隔离（大型灾害或者大型电力故障除外），防止故障扩散，使得用户的业务持续在线服务。通过启动独立可用区内的实例，用户可以保护应用程序不受单一位置故障的影响。

（11）云服务器的接入：公有云通常会提供控制台、API、SDK等接入方式。控制台提供Web服务界面，用于配置和管理云服务器。API提供API接口方便管理云服务器。SDK使用SDK编程命令行CLI工具调用API。

云服务器的创建和配置任务包括申请云服务器、登录Linux云服务器和登录Windows云服务器等。

（1）申请云服务器。

步骤1：注册腾讯云账号，并完成实名认证。新用户需在腾讯云官网进行注册。

步骤2：访问腾讯云服务器介绍页面，单击"立即选购"按钮，如图2-71所示。

图 2-71 腾讯云服务器介绍页面

步骤3：在腾讯云服务器购买界面，在"自定义配置"选项卡中选择"选择机型"，实例标准选择"标准型S5"，镜像选择"公共镜像"，CentOS 7.6 64位操作系统，公网带宽设置为"免费分配独立公网IP"并选择"按使用流量计费"，机型数量选择"1"。配置完成后，单击"下一步：设置主机"按钮，如图2-72和图2-73所示。

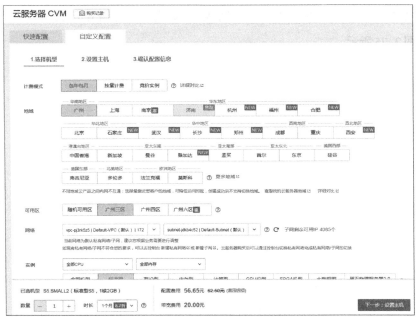

图 2-72 自定义配置界面 1

图 2-73　自定义配置界面 2

步骤4：进入主机设置界面，设置安全组为"新建安全组"并放通全部端口，设置实例名称，设置登录方式为"设置密码"，设置root密码并再次输入密码，如图2-74和图2-75所示。

图 2-74　主机设置界面 1

图 2-75　主机设置界面 2

步骤 5：单击"下一步：确认配置信息"按钮，进入配置信息确认界面，选购信息如图 2-76 所示。

图 2-76　确认选购信息

步骤 6：确认配置信息，核对云服务器选购信息，了解各项配置的费用明细。

步骤 7：阅读协议并勾选"同意《腾讯云服务协议》"复选框，单击"开通"按钮完成云服务器选购操作，然后进入云服务器控制台，在云服务器实例中查看自己选购的云服务器，如图 2-77 所示。

图 2-77　查看选购的云服务器

云服务器的实例名称、公网 IP 地址、内网 IP 地址、登录名、初始登录密码等信息也会以站内信方式发送到账户上。可以使用这些信息登录和管理实例。

（2）登录 Linux 云服务器。

步骤 1：登录云服务器控制台，在实例列表中找到购买的云服务器，在右侧操作栏中单击"登录"按钮，如图 2-78 所示。

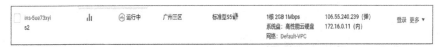

图 2-78　在实例列表中找到购买的云服务器

步骤 2：在"登录 Linux 实例"窗口中选择"立即登录"后，在弹出的"登录实例"窗口中输入云服务器的用户名和登录密码，并单击"确定"按钮即可正常登录，如图 2-79 所示。

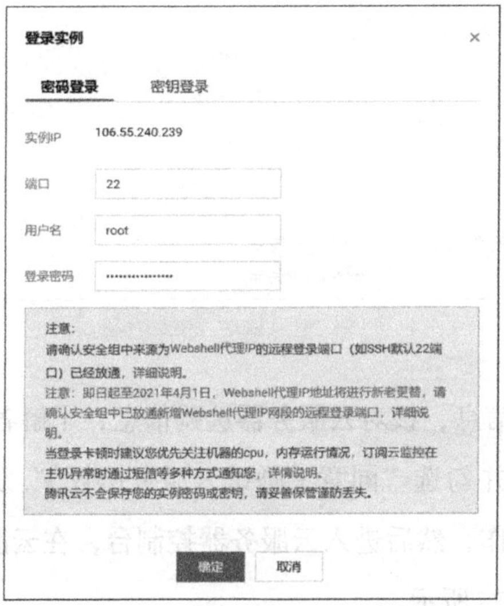

图 2-79　"登录实例"窗口

步骤3：登录成功后，界面如图2-80所示。

```
* Socket connection established *
Last failed login: Thu Apr 29 10:25:29 CST 2021 from 124.152.190.11 on ssh:notty
There were 1713 failed login attempts since the last successful login.
Last login: Mon Apr 26 13:45:36 2021 from 119.28.22.215
[root@VM-0-11-centos ~]#
```

图 2-80　登录成功界面

（3）登录Windows云服务器。

步骤1：登录云服务器控制台，在实例列表中找到购买的云服务器，在右侧操作栏中单击"登录"按钮，如图2-81所示。

| ☐ ins-i7c6thwl s1 | ‖ | ⊕ 运行中 | 广州四区 | 标准型S5▦ | 1核 2GB 1Mbps
系统盘：高性能云硬盘
网络：Default-VPC | 159.75.86.34 (弹)
172.16.16.15 (内) | 登录 更多 ▼ |

图 2-81　在实例列表中找到购买的云服务器

步骤2：在弹出的"登录Windows实例"窗口中，先下载RDP文件到本地，并按照Windows系统使用RDP登录，如图2-82所示。

图 2-82　"登录 Windows 实例"窗口

步骤3：输入云服务器的用户名和登录密码，如图2-83所示。

图 2-83　输入云服务器的用户名和登录密码

步骤4：登录成功后将打开 Windows 云服务器界面，如图2-84所示。

图 2-84　Windows 云服务器界面

2.云数据库的创建和配置

云数据库是指被优化或部署到一个虚拟计算中的数据库，具有可以实现按需付费、按需扩展，可用性高等优势。

（1）创建MySQL实例。

在创建MySQL实例过程中，涉及以下相关概念。

• 实例：云上的MySQL数据库资源。

• 实例类型：MySQL实例在节点数量、读写能力和地域部署上不同的搭配。

• 计费模式：支持包年包月和按量计费。若业务量有较稳定的长期需求，建议选择包年包月。若业务量有瞬间大幅波动场景，建议选择按量计费。

• 地域：选择业务需要部署MySQL的地域。建议选择与云服务器同一个地域，不同地域的云产品内网不通，购买后不能更换。

• 主可用区和备可用区：选择主可用区、备可用区不同时（多可用区部署），可以保护数据库以防发生故障或可用区中断的情况。

• 网络：云数据库 MySQL 所属网络，建议选择与云服务器同一地域下的同一私有网络，否则无法通过内网连接云服务器和数据库，缺省设置为"Default-VPC（默认）"。

• 安全组：对 MySQL 实例进行安全的访问控制，指定进入实例的 IP 地址、协议及端口规则。可以新建安全组也可以使用已有安全组。

步骤1：打开 MySQL 购买界面，单击"立即选购"按钮进入云数据库配置界面，选择云数据库计费模式为"按量计费"，地域为"广州"，因为云服务器在广州三区，所以这里的可用区也选择"广州三区"，设置实例规格为"1核1000MB"，硬盘大小为80GB，网络为"Default-VPC（默认）"，选择安全组类型，确认无误后单击"立即购买"按钮，如图2-85至图2-88所示。

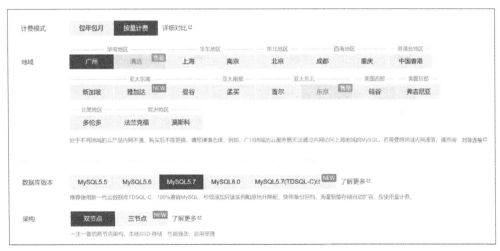

图 2-85　数据库实例配置界面 1

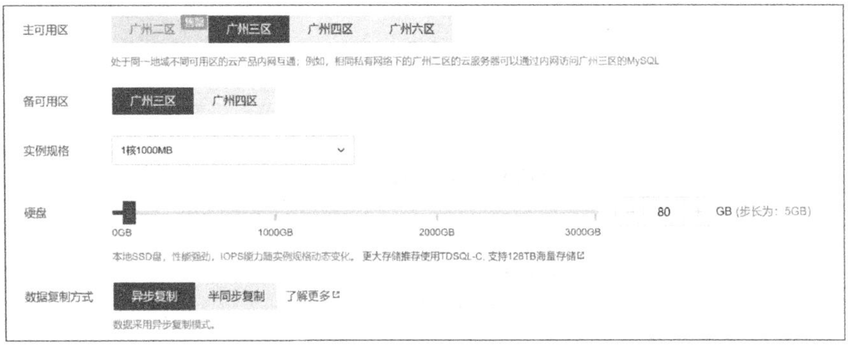

图 2-86　数据库实例配置界面 2

图 2-87　数据库实例配置界面 3

图 2-88　数据库实例配置界面 4

步骤 2：提示购买成功后，单击"前往管理页面"按钮，如图 2-89 所示。

图 2-89　购买成功提示

步骤3：返回实例列表，会看到实例状态显示为"发货中"（需等待3~5分钟），如图2-90所示。待实例状态变为"未初始化"时，即可进行初始化操作。

图 2-90　查看实例状态

（2）初始化MySQL实例。

创建MySQL实例后，还需要进行MySQL实例初始化，以启用实例。

步骤1：登录MySQL控制台，选择对应地域后，在实例列表中选择状态为"未初始化"的实例，在"操作"列单击"初始化"按钮，如图2-91所示。

图 2-91　初始化云数据库

步骤2：在弹出的"初始化"对话框中，设置MySQL数据库root账号密码，再次输入确认密码，单击"确定"按钮，如图2-92所示。

图 2-92　初始化参数设置

步骤3：在弹出的"初始化实例"提示框中，单击"确定"按钮重启并初始化实例，如图2-93所示。

初始化实例

初始化操作会重启实例，本次操作大概耗时50秒，确定要执行初始化吗？

确定　　取消

图 2-93　重启并初始化实例

步骤4：重启后，返回实例列表，待实例状态变为"运行中"即可正常使用，如图2-94所示。

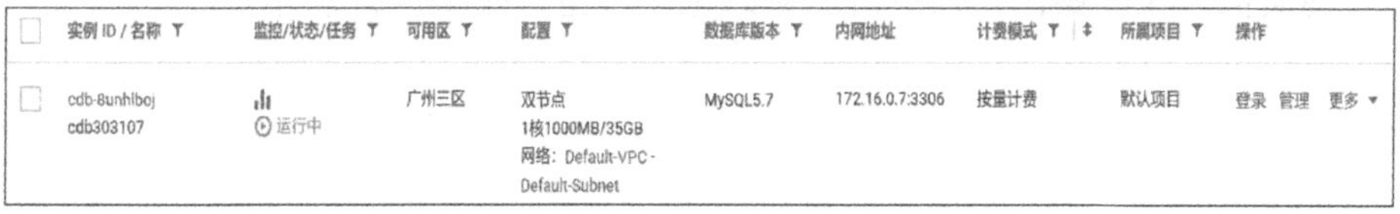

实例ID / 名称 ▼	监控/状态/任务 ▼	可用区 ▼	配置 ▼	数据库版本 ▼	内网地址	计费模式 ▼ ⇕	所属项目 ▼	操作
cdb-8unhlboj cdb303107	⣿ ⏱ 运行中	广州三区	双节点 1核1000MB/35GB 网络：Default-VPC· Default-Subnet	MySQL5.7	172.16.0.7:3306	按量计费	默认项目	登录 管理 更多 ▼

图 2-94　实例初始化成功

（3）登录云数据库。

步骤1：单击实例中的"登录"按钮，登录云数据库，在跳转页面中输入初始化实例时设置的root账号密码，单击"登录"按钮即可登录至云数据库，如图2-95所示。

图 2-95　云数据库登录跳转页面

步骤2：在菜单中选择"新建"→"新建库"命令，即可进行新建数据库操作，如图2-96所示。

图 2-96　新建库

（4）Windows 服务器连接 MySQL 实例。

通过内网地址连接云数据库 MySQL，使用云服务器 CVM 直接连接云数据库的内网地址，以这种连接方式使用内网高速网络，延迟低。

步骤 1：查看云服务器 CVM 访问自动分配给云数据库的内网地址，如图 2-97 所示。

	实例 ID / 名称 ▼	监控/状态/任务 ▼	可用区 ▼	配置 ▼	数据库版本 ▼	内网地址	计费模式 ▼ ≠	所属项目 ▼	操作
	cdb-8unhlboj cdb303107	∎ㅣ ⏱ 运行中	广州三区	双节点 1核1000MB/35GB 网络：Default-VPC - Default-Subnet	MySQL5.7	172.16.0.7:3306	按量计费	默认项目	登录 管理 更多 ▾

图 2-97　查看云数据库内网地址

步骤 2：登录云服务器，登录方式可参考前面云服务器部分的介绍。

步骤 3：在该 Windows 云服务器中下载一个标准的 SQL 客户端，推荐使用 MySQL Workbench，打开云服务器中的浏览器粘贴网址，直接弹出运行，先安装第一个 Visual C++ 2015 Redistributable，再安装第二个 MySQL Workbench 即可。

Visual C++ Redistributable Package：https://course-public-resources-1252758970.cos. ap-chengdu.myqcloud.com/%E5%AE%9E%E6%88%98%E8%AF%BE/%E8%85%BE%E8 %AE%AF%E4%BA%91%E6%95%B0%E6%8D%AE%E5%BA%93%E7%9A%84%E5%85 %A5%E9%97%A8%E4%BD%93%E9%AA%8C/vc_redist.x64.exe

MySQL Workbench：https://course-public-resources-1252758970.cos.ap-chengdu. myqcloud.com/%E5%AE%9E%E6%88%98%E8%AF%BE/%E8%85%BE%E8%AE%AF%E

4%BA%91%E6%95%B0%E6%8D%AE%E5%BA%93%E7%9A%84%E5%85%A5%E9%9

7%A8%E4%BD%93%E9%AA%8C/mysql–workbench–community–8.0.18–winx64.msi

步骤4：运行安装包一进行安装，单击"安装"按钮，如图2-98所示。

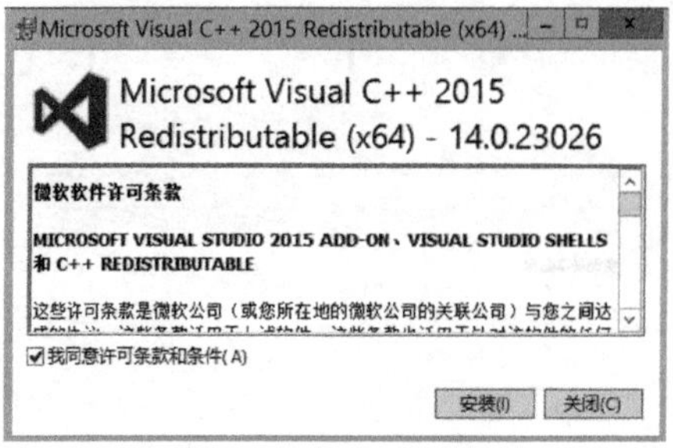

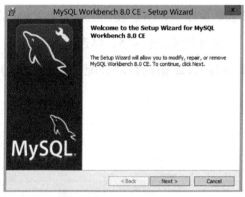

图 2-98　运行安装包一

步骤5：运行安装包二进行安装，单击"Next"按钮，如图2-99所示。

图 2-99　运行安装包二

步骤6：选择安装地址，如图2-100所示。

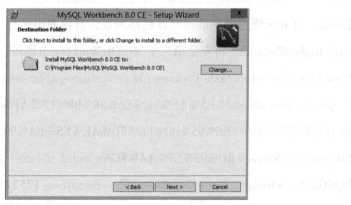

图 2-100　选择安装地址

步骤7：选择安装类型为"Complete"，单击"Next"按钮，如图2-101所示。

图 2-101 选择安装类型

步骤8：单击"Install"按钮启动安装，如图2-102所示。

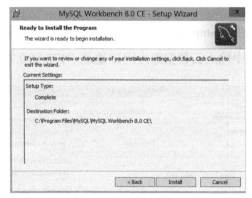

图 2-102 启动安装

步骤9：安装完成后，单击"Finish"按钮，如图2-103所示。

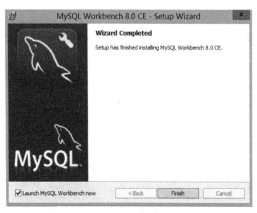

图 2-103 安装完成

步骤10：进入 MySQL Workbench 窗口，单击"+"按钮，如图2-104所示。

图 2-104　MySQL Workbench 窗口

步骤11：在弹出的"Setup New Connection"对话框中填写连接名称"connect1"，在"Hostname"文本框中输入云数据库内网IP地址"172.16.0.7"，如图2-105所示。

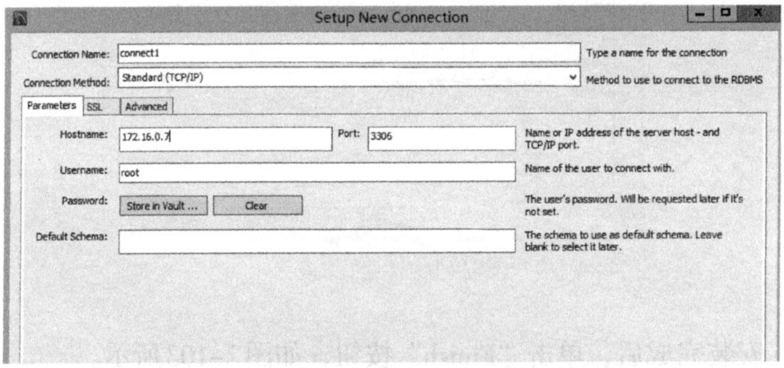

图 2-105　"Setup New Connection"对话框

步骤12：单击"OK"按钮，在登录界面中输入数据库登录密码，如图2-106所示。

图 2-106　输入数据库登录密码

步骤13：连接成功后进入数据库操作窗口，可在此窗口建库建表，如图2-107所示。

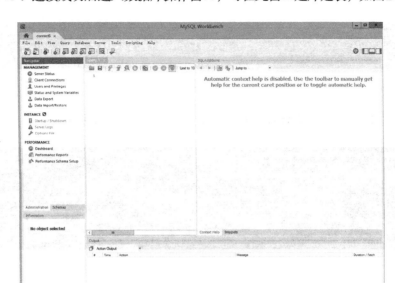

图2-107 进入数据库操作窗口

（5）Linux服务器连接MySQL实例。

步骤1：以CentOS 7.6 64位系统的云服务器为例，登录云服务器。

步骤2：执行如下命令安装MySQL客户端，如图2-108所示。

```
[root@VM-0-11-centos ~]# yum install mysql
```

图2-108 MySQL客户端安装命令

至出现"Complete!"表示安装完成，如图2-109所示。

```
Install  1 Package
Upgrade           ( 1 Dependent package)

Total download size: 9.5 M
Is this ok [y/d/N]: y
Downloading packages:
Delta RPMs disabled because /usr/bin/applydeltarpm not installed.
(1/2): mariadb-libs-5.5.68-1.el7.x86_64.rpm
(2/2): mariadb-5.5.68-1.el7.x86_64.rpm
------------------------------------------------------------
Total
Running transaction check
Running transaction test
Transaction test succeeded
Running transaction
  Updating  : 1:mariadb-libs-5.5.68-1.el7.x86_64
  Installing : 1:mariadb-5.5.68-1.el7.x86_64
  Cleanup   : 1:mariadb-libs-5.5.65-1.el7.x86_64
  Verifying  : 1:mariadb-5.5.68-1.el7.x86_64
  Verifying  : 1:mariadb-libs-5.5.68-1.el7.x86_64
  Verifying  : 1:mariadb-libs-5.5.65-1.el7.x86_64

Installed:
  mariadb.x86_64 1:5.5.68-1.el7

Dependency Updated:
  mariadb-libs.x86_64 1:5.5.68-1.el7

Complete!
```

图2-109 安装完成

步骤3：输入连接命令：mysql –h 172.16.0.7 –u root –p，如图2-110所示。

```
Complete!
[root@VM-3-14-centos ~]# mysql -h 172.16.0.7 -u root -p
Enter password:
```

图2-110　输入连接命令

步骤4：输入云数据库登录密码，连接成功，如图2-111所示。

```
Welcome to the MariaDB monitor.  Commands end with ; or \g.
Your MySQL connection id is 1602528
Server version: 5.7.18-txsql-log 20201231

Copyright (c) 2000, 2018, Oracle, MariaDB Corporation Ab and others.

Type 'help;' or '\h' for help. Type '\c' to clear the current input statement.

MySQL [(none)]>
```

图2-111　输入密码连接成功

（6）创建 Redis 实例。

在创建Redis实例过程中，涉及以下相关概念。

• 计费模式。支持包年包月和按量计费两种计费模式。若业务量有较稳定的长期需求，建议选择包年包月计费模式。若业务量有瞬间大幅波动场景，建议选择按量计费计费模式。

• 地域。选择业务需要部署 Redis 的地域。建议选择与云服务器同一个地域，不同地域的云产品内网不通，购买后不能更换。

• 架构版本。支持标准架构、集群架构。

• 副本数量。Redis 2.8 标准版支持0～1个副本。Redis 4.0、5.0 标准版支持1～5个副本。Redis 4.0、5.0 集群版支持1～5个副本。

• 网络类型。云数据库 Redis 所属网络，建议选择与云服务器同一地域下的同一私有网络，实例购买后支持基础网络转换为 VPC 网络，不支持 VPC 网络转换为基础网络。

• 可用区。选择主节点和副本组的可用区，相对单可用区实例来说，多可用区实例具有更高的可用性和容灾能力。

• 端口。自定义端口号需在1024到65535之间。

步骤1：登录Redis 购买界面，配置Redis实例，选择计费模式为"按量计费"，设置兼容版本为"4.0"，内存容量为"4GB"，副本数量为"1个"，如图2-112所示。

图 2-112　Redis 云数据库购买配置界面 1

步骤 2：选择可用区为"广州三区"，如图 2-113 所示。

图 2-113　Redis 云数据库购买配置界面 2

步骤 3：输入 Redis 访问密码，再次输入确认密码，配置完成后，单击"立即购买"按钮，如图 2-114 所示。

实例名
仅支持长度小于60的中文/英文/数字/"-"/"_"
设置密码
密码认证
免密码认证
密码
8-30个字符，至少包含小写字母、大写字母、数字和字符 ()`~!@#$%^&*-+=_|{}[]:;<>,.?/ 中的2种，不能以"/"开头
确认密码
购买数量
1
(您在广州地域可购买的按量计费的云数据库配额为200台，已购买1台)
总计费用
0.84 元/小时 (使用15天后，降低至0.42元/小时 ，计费详情)
立即购买

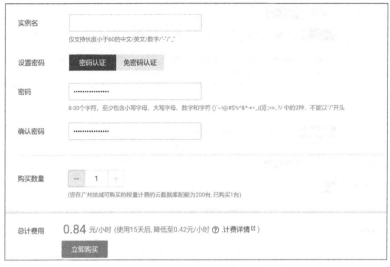

图 2–114　Redis 云数据库购买配置界面 3

步骤 4：购买完成后，返回实例列表，待实例状态显示为“运行中”时，Redis 实例即创建成功，如图 2–115 所示。

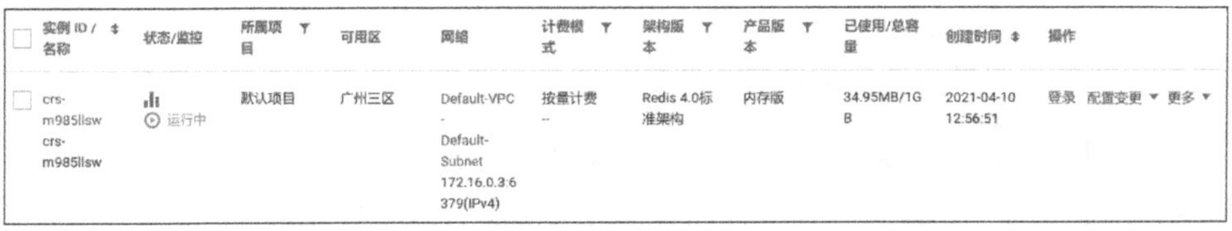

实例 ID / 名称
状态/监控
所属项目
可用区
网络
计费模式
架构版本
产品版本
已使用/总容量
创建时间
操作
crs-m985llsw
crs-m985llsw
运行中
默认项目
广州三区
Default-VPC - Default-Subnet 172.16.0.3:6379(IPv4)
按量计费
Redis 4.0标准架构
内存版
34.95MB/1GB
2021-04-10 12:56:51
登录　配置变更　更多

图 2–115　查看 Redis 实例状态

（7）登录 Redis 云数据库。

步骤 1：单击实例中的“登录”按钮，登录 Redis 云数据库，在跳转页面中输入 root 账号和密码，单击“登录”按钮即可登录至云数据库，如图 2–116 所示。

数据管理
数据库智能管家DBbrain
Redis
登录

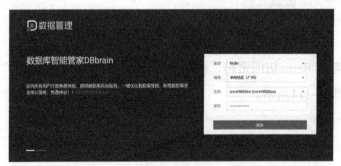

图 2–116　Redis 云数据库登录跳转页面

步骤 2：进入控制台可查看实例信息，如图 2-117 所示。

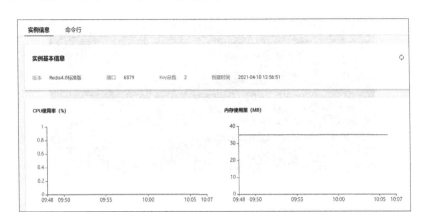

图 2-117　查看 Redis 实例信息

步骤 3：在命令行中输入执行命令对 Redis 云数据库进行操作，如图 2-118 所示。

图 2-118　Redis 云数据库命令行操作界面

3.云存储的配置与管理

（1）对象存储——创建存储桶。

步骤 1：在腾讯云控制台中，选择"云产品"→"对象存储"命令，进入 COS 服务选购界面，单击"立即使用"按钮，如图2-119所示。

图 2-119　COS 服务选购界面

步骤2：进入存储桶列表后，单击"创建存储桶"按钮，如图2-120所示。

图 2-120　单击"创建存储桶"按钮

步骤3：在"创建存储桶"对话框中，输入存储桶名称"examplebucket1"，所属地域选择离当前最近的一个地区"广州"，访问权限设置为"私有读写"，单击"确定"按钮完成存储桶的创建，如图2-121所示。

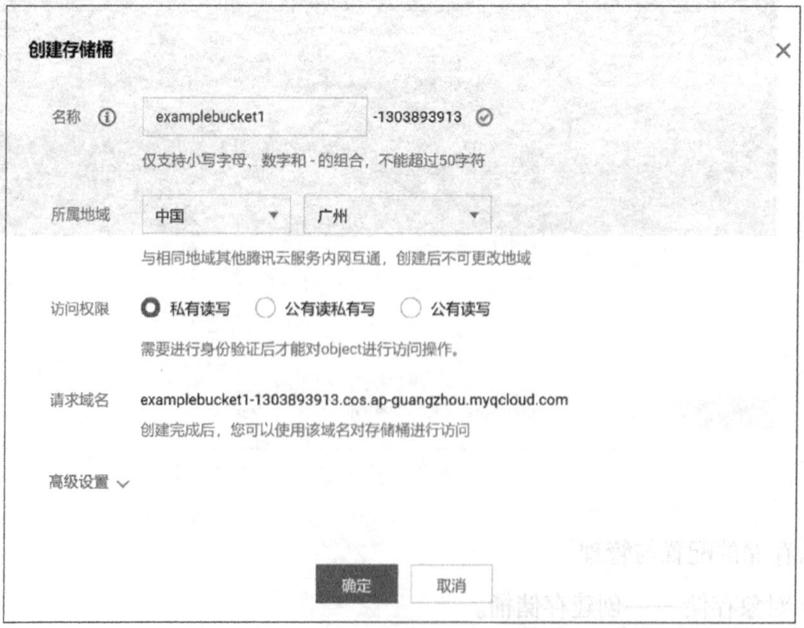

创建存储桶　　　　　　　　　　　　　　　　　　　　✕

名称　ⓘ　　examplebucket1　　　-1303893913　⊘

仅支持小写字母、数字和 - 的组合，不能超过50个字符

所属地域　　中国　　▽　　广州　　▽

与相同地域其他腾讯云服务内网互通，创建后不可更改地域

访问权限　　● 私有读写　　○ 公有读私有写　　○ 公有读写

需要进行身份验证后才能对object进行访问操作。

请求域名　　examplebucket1-1303893913.cos.ap-guangzhou.myqcloud.com

创建完成后，您可以使用该域名对存储桶进行访问

高级设置　∨

确定　　取消

图 2-121　配置存储桶信息

（2）对象存储——上传对象。

步骤1：单击存储桶名称，进入存储桶列表页，如图2-122所示。

图2-122 存储桶列表页

步骤2：单击"上传文件"→"选择文件"按钮，选择需要上传至存储桶的文件，如文件名为"example.txt"的文件，如图2-123所示。

图2-123 选择上传对象

步骤3：单击"上传"按钮，即可将文件example.txt上传至存储桶，如图2-124所示。

图2-124 文件上传成功

（3）对象存储——下载对象。

步骤1：单击文件 example.txt 右侧的“详情”按钮，进入对象属性界面。

步骤2：在基本信息配置界面，单击“下载对象”按钮即可下载该对象，如图2–125所示。

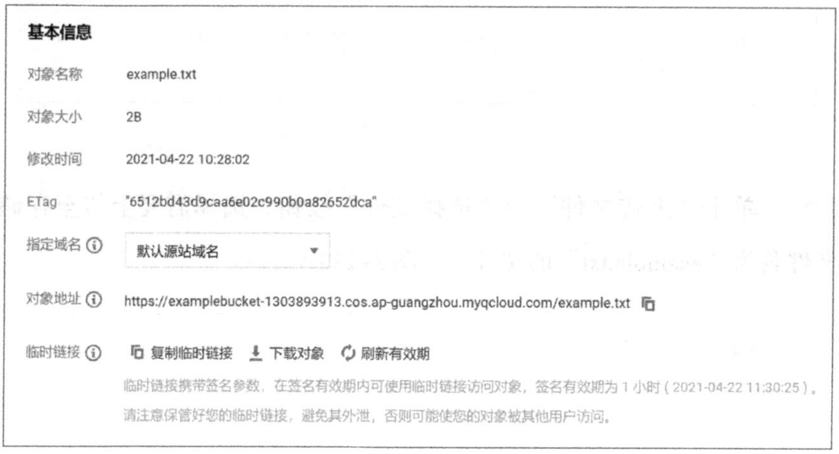

基本信息
对象名称
example.txt
对象大小
2B
修改时间
2021-04-22 10:28:02
ETag
"6512bd43d9caa6e02c990b0a82652dca"
指定域名
默认源站域名
对象地址
https://examplebucket-1303893913.cos.ap-guangzhou.myqcloud.com/example.txt
临时链接
复制临时链接
下载对象
刷新有效期
临时链接携带签名参数，在签名有效期内可使用临时链接访问对象，签名有效期为 1 小时（2021-04-22 11:30:25）。
请注意保管好您的临时链接，避免其外泄，否则可能使您的对象被其他用户访问。

图 2–125　基本信息配置界面

（4）块存储——创建云硬盘。

步骤1：在腾讯云控制台中，选择“云产品”→“云硬盘”命令，进入 CBS 服务选购界面，单击“立即选购”按钮，如图2–126所示。

菜单
腾讯云
云硬盘 CBS 概览
云硬盘 CBS
稳定可靠、低延迟、可扩展的持久性块存储设备，可作为 CVM 的独立硬盘使用
立即选购
产品文档 >>

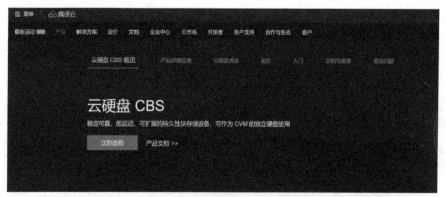

图 2–126　CBS 服务选购界面

步骤2：在弹出的“购买数据盘”对话框中，选择可用区为“广州三区”（确保云服务器和云硬盘在同一可用区），云硬盘类型为“高性能云硬盘”，容量为“10GB”，硬盘名称为“s2-test”，计费模式为“按量计费”，购买数量为“1”，如图2–127所示。

图 2-127 "购买数据盘"对话框

步骤3：单击"提交"按钮，返回云硬盘列表页，可查看已购买的高性能云硬盘 s2-test，并显示为"待挂载"状态，如图2-128所示。

图 2-128 云硬盘列表

（5）块存储——挂载云硬盘。

步骤1：登录云服务器控制台，选择左侧导航栏中的"云硬盘"。

步骤2：在云硬盘列表页上方选择"广州"，并选择云硬盘s2-test所在行右侧的 "更多"→"挂载"命令，如图2-129所示。

图 2-129 选择"挂载"命令

步骤3：选择"挂载"命令后，在弹出的"挂载到实例"对话框中选择要挂载的实例，单击"下一步"按钮，如图2-130所示。

图 2-130 选择实例

步骤4：在弹出的对话框中，单击"开始挂载"按钮，如图2-131所示。

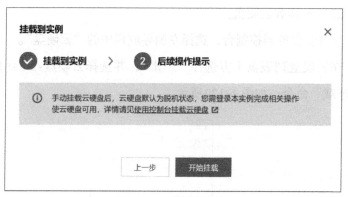

图 2-131 挂载到实例

步骤5：等待片刻后，云硬盘界面中s2-test的状态显示为"已挂载"，关联云实例rs-2，如图2-132所示。

disk-8n37jnca s2-test		已挂载	广州三区	数据盘	高性能云硬盘	10GB	ins-1ktx3h8k rs-2		创建快照　更多▼

图 2-132　挂载成功

（6）文件存储——创建文件系统及挂载点。

步骤1：在腾讯云主页中，选择"产品"→"存储"→"文件存储"命令，进入文件存储CFS概览界面，单击"立即使用"按钮，如图2-133所示。

图 2-133　CFS 服务选购界面

步骤2：在"文件存储"→"文件系统"界面中单击"新建"按钮，弹出"新建文件系统"窗口，单击"下一步：详细设置"按钮，如图2-134所示。

图 2-134　"新建文件系统"窗口

步骤3：在文件系统设置界面，选择计费方式为"按量计费"，设置文件系统名称为"lulu"，可用区为"广州三区"，文件协议为"NFS"，选择网络为"Default-VPC"，完成配置后单击"下一步：资源包"按钮，购买成功后即可创建文件系统，如图2-135所示。

存储类型	**通用标准型**	
计费方式	按量计费	
文件系统名称	lulu	
地域	广州	▼
可用区	广州三区	▼
	为了降低访问延时，建议文件系统与您的 CVM 在同一个区域。	
文件协议 ⓘ	NFS	▼
选择网络	Default-VPC(vpc-7mzjj39f | 172 ▼	Default-Subnet(subnet-nvsdo0k ▼
	该子网下可用 IP 个数 4093	
	☐ 指定 IP	
权限组	默认权限组 (pgroupbasic)	▼
	权限组规定了一组可来访白名单及操作权限。如何创建？ ☑	
标签 ⓘ	➕ 添加	
费用	**0.00048611 元/GiB/小时**	
	(实际消费以使用情况为准，此数据仅供参考)	

上一步　**下一步：资源包**

图 2-135　文件系统设置界面

步骤 4： 当文件系统创建完成后，返回查看文件系统列表，如图 2-136 所示。

ID/名称	状态 ▼	使用量/总容量 ⇕	吞吐上限 ⓘ	可用区 ▼	IP ⇕	存储类型 ▼	协议 ▼	操作
cfs-2n3bpi5t lulu	创建中	0MiB/160TiB	100MiB/s	广州三区	-	通用标准型	NFS	编辑标签 删除

图 2-136　文件系统列表

步骤 5： 单击已创建的文件系统，切换至"基本信息""挂载点信息"选项卡下查看文件系统相关信息，如图 2-137 所示。

图 2-137　"挂载点信息"选项卡

（7）文件系统——挂载 NFS 文件系统。

步骤1：启动 NFS 客户端。登录 CentOS 操作系统，并确保系统中已经安装了 nfs-utils，如没有安装，执行如下命令进行安装，如图2-138所示。

```
sudo yum install nfs-utils
```

```
[root@VM-3-14-centos ~]# sudo yum install nfs-utils
```

图2-138　启动 NFS 客户端

步骤2：执行如下命令创建待挂载目标目录：

```
mkdir /nfs
```

步骤3：挂载文件系统，执行如下命令实现 NFS v4.0 挂载：

```
sudo mount-t nfs -o vers=4.0,noresvport 172.16.0.17:/ /nfs
```

其中，172.16.0.17为挂载点 IP 地址，/nfs 为待挂载目标目录。

步骤4：挂载完成后，执行df –h命令查看已挂载的文件系统，如图2-139所示。

```
Complete!
[root@VM-3-14-centos ~]# mkdir /nfs
[root@VM-3-14-centos ~]# sudo mount -t nfs -o vers=4.0,noresvport 172.16.0.17:/ /nfs
[root@VM-3-14-centos ~]# df -h
Filesystem       Size  Used Avail Use% Mounted on
devtmpfs         909M     0  909M   0% /dev
tmpfs            919M   24K  919M   1% /dev/shm
tmpfs            919M  516K  919M   1% /run
tmpfs            919M     0  919M   0% /sys/fs/cgroup
/dev/vda1         50G  2.6G   45G   6% /
tmpfs            184M     0  184M   0% /run/user/0
172.16.0.17:/     10G   32M   10G   1% /nfs
[root@VM-3-14-centos ~]#
```

图2-139　查看已挂载的文件系统

图2-139显示当前 NFS 硬盘已经挂载成功，远程的服务器目录挂载到了本机 NFS，当前大小为10G。

4.云网络的配置与管理

1）创建私有网络

步骤1：在腾讯云控制台中，选择"产品"→"私有网络"命令，进入 VPC 服务选购界面，单击"立即体验"按钮，如图2-140所示。

图 2-140　VPC 服务选购界面

步骤 2：在"私有网络 VPC"界面顶部，选择 VPC 所属地域，单击"新建"按钮。

步骤 3：在弹出的"新建 VPC"对话框中填写私有网络信息，设置所属地域为"华南地区（广州）"，名称为"广州三区"，IPv4 CIDR 为 192.168.0.0/16。填写子网信息，子网名称为"web 1"，IPv4 CIDR 为 192.168.1.0/24，可用区为"广州三区"，如图 2-141 所示。

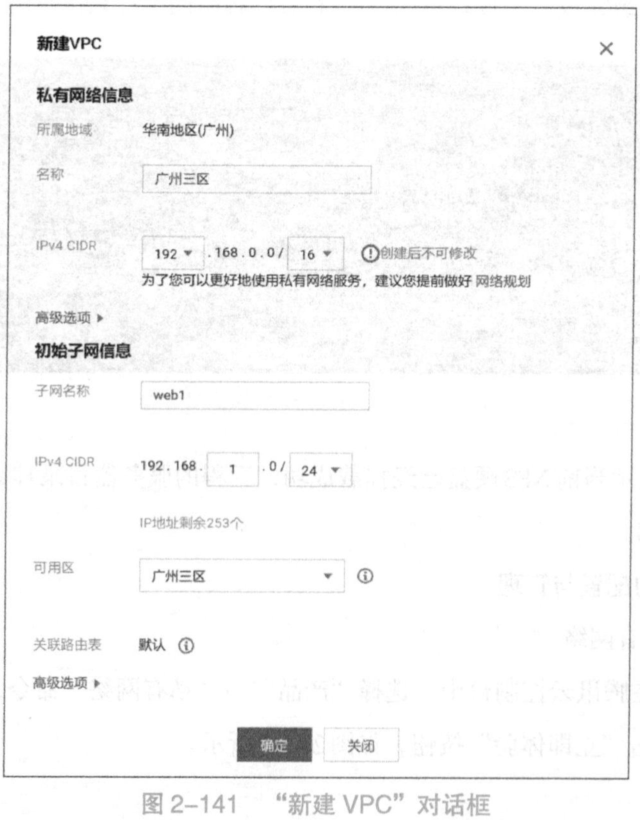

图 2-141　"新建 VPC"对话框

步骤 4：参数设置完成后，单击"确定"按钮完成 VPC 的创建，创建成功的 VPC

会显示在VPC列表中，新创建的VPC包含一个初始子网和一个默认路由表，如图2-142所示。

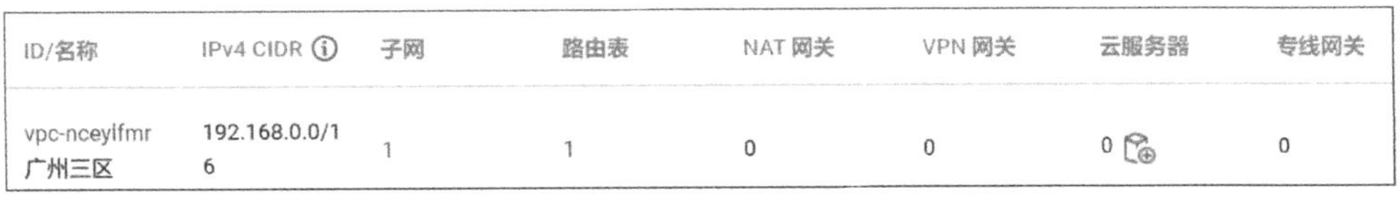

ID/名称	IPv4 CIDR ⓘ	子网	路由表	NAT 网关	VPN 网关	云服务器	专线网关
vpc-nceylfmr 广州三区	192.168.0.0/16	1	1	0	0	0 ⊕	0

图 2-142　VPC 列表

步骤5：单击私有网络名称，可查看与私有网络相关联的所有网络信息，如图2-143所示。

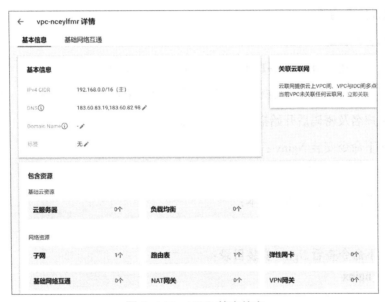

图 2-143　VPC 基本信息

步骤6：单击"子网"按钮，可继续新建子网，如图2-144所示。

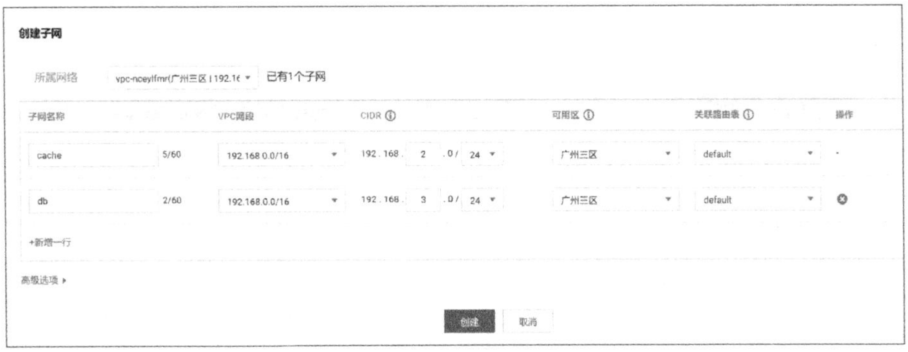

图 2-144　新建子网

步骤7：刷新后，子网列表中显示所有子网，如图2-145所示。

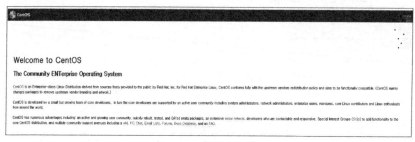

图 2-145　子网列表

2）配置负载均衡

（1）部署Nginx。

步骤1：创建云服务器rs-1和rs-2，操作系统为CentOS 7.5。

步骤2：购买完成后，在云服务器详情页面，单击"登录"按钮，登录云服务器，输入用户名及密码后开始搭建Nginx环境。

执行如下命令安装Nginx：

```
yum -y install nginx
```

执行如下命令查看Nginx版本：

```
nginx -v
```

执行如下命令查看Nginx安装目录：

```
rpm -ql nginx
```

执行如下命令启动Nginx：

```
service nginx start
```

步骤3：访问该云服务器的公网IP地址，出现图2-146所示界面则表示Nginx部署完成。

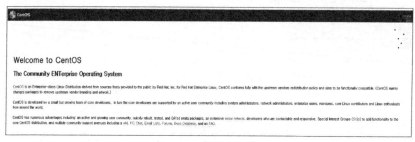

图 2-146　Nginx 部署完成

步骤4：Nginx 的默认根目录 root 是 /usr/share/nginx/html，直接修改 HTML 下的 index.html 静态页面，用来标识这个页面的特殊性，相关操作如下。

步骤5：执行如下命令，进入 HTML 下的 index.html 静态页面：

```
vim /usr/share/nginx/html/index.html
```

步骤6：按 I 键进入编辑模式，请在标签内输入如下命令：

```
<body>
Hello nginx , This is rs-1!
URL is index.html</body>
```

步骤7：按 Esc 键，输入"wq"保存编辑。

步骤8：负载均衡可以根据后端服务器的路径进行请求转发，在 /image 路径下部署静态页面，相关操作如下。

步骤9：依次执行如下命令，新建目录 image 并进入该目录：

```
mkdir /usr/share/nginx/html/image
cd /usr/share/nginx/html/image
```

步骤10：执行如下命令，在 image 目录下创建 index.html 静态页面：

```
vim index.html
```

步骤11：按 I 键进入编辑模式，在页面中输入如下命令：

```
Hello nginx , This is rs-1!
URL is image/index.html
```

步骤12：按 Esc 键，输入"wq"保存编辑。

步骤13：访问云服务器的公网 IP 地址 + 路径，如果可以显示已部署好的静态页面，则证明 Nginx 部署成功。以 HTTP 转发为例，已在两台云服务器上部署 Nginx 服务器，并在 rs-1 和 rs-2 分别返回一个带有"Hello nginx , This is rs-1!"和"Hello nginx , This is rs-2!"的 HTML。

步骤14：rs-1 的 index.html 页面如图 2-147 所示。

图 2-147　rs-1 的 index.html 页面

rs-1 的 /image/index.html 页面如图 2-148 所示。

nginx ，This is rs-1! URL is image/index.html

图 2-148 rs-1 的 /image/index.html 页面

如果已经部署好 Nginx，则可跳过以上步骤，直接进行下面的步骤。

（2）购买负载均衡实例。

负载均衡实例购买成功后，系统将自动分配一个 VIP，该 VIP 为负载均衡向客户端提供服务的 IP 地址。

步骤 1：登录腾讯云负载均衡服务，在"实例管理"界面中单击"新建"按钮，如图 2-149 所示。

图 2-149 新建负载均衡

步骤 2：在负载均衡 CLB 购买界面，地域选择与云服务器相同的地域，实例类型选择"负载均衡"，网络类型选择"公网"，网络计费模式选择"按带宽计费"。单击"立即购买"按钮，完成负载均衡购买操作，如图 2-150 所示。

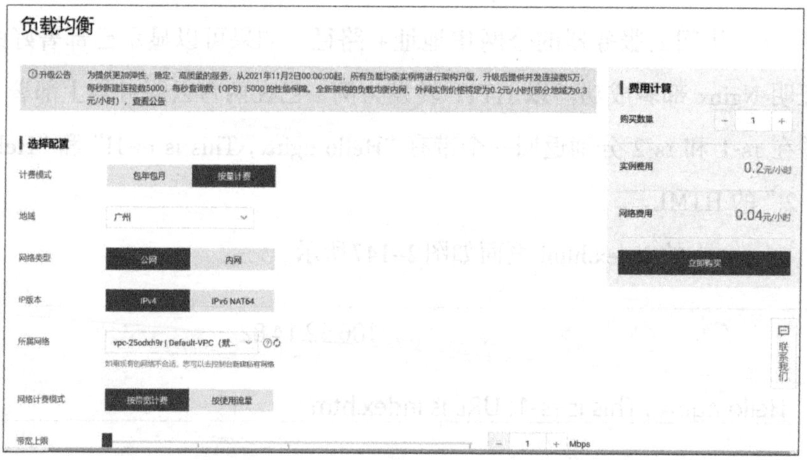

图 2-150 负载均衡 CLB 购买界面

步骤 3：返回"实例管理"界面，选择对应的地域即可看到新创建的实例，如图

2-151所示。

图 2-151 查看新创建的实例

（3）配置负载均衡监听器。

步骤1：进入负载均衡控制台，在"实例管理"界面中找到目标负载均衡实例，单击"配置监听器"按钮。

步骤2：在"监听器管理"选项卡的"HTTP/HTTPS 监听器"选区中，单击"新建"按钮，如图2-152所示。

图 2-152 "监听器管理"选项卡

步骤3：在"创建监听器"对话框中，设置监听器名称为"test1"，监听协议端口为HTTP : 80，配置完成后，单击"提交"按钮，如图2-153所示。

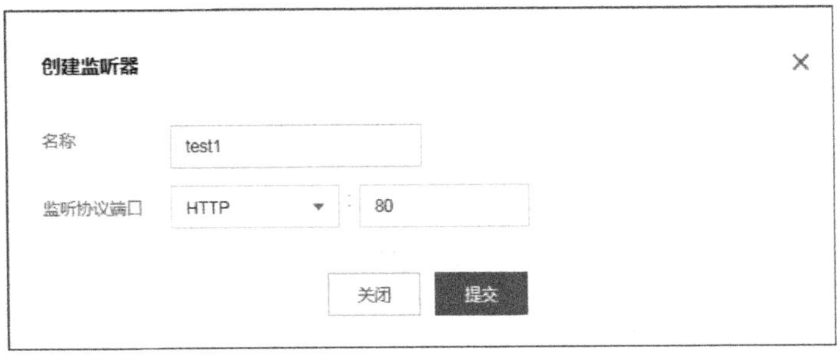

图 2-153 "创建监听器"对话框

（4）配置监听器转发规则。

步骤1：在"监听器管理"界面选中新创建的监听器，单击"＋"按钮添加规则。

步骤2：在"创建转发规则"对话框的"基本配置"选项卡下，配置域名为"www.example.com"，URL路径为"/image/"，均衡方式为"加权轮询"。配置完成后，单击"下一步"按钮，如图2-154所示。

图 2-154　"创建转发规则"对话框

步骤3：在"健康检查"选项卡下开启健康检查，检查域名和检查路径使用默认的转发域名和转发路径，检查完成后单击"下一步"按钮，如图2-155所示。

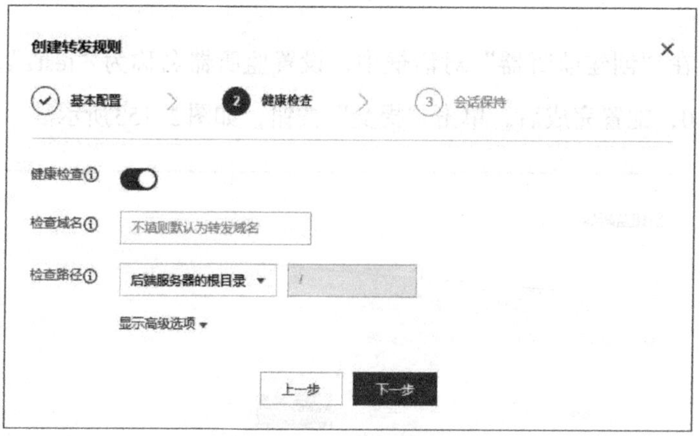

图 2-155　开启健康检查

步骤4：在"会话保持"选项卡下关闭会话保持，单击"提交"按钮。

（5）为监听器绑定后端云服务器。

步骤1：在"监听器管理"界面，单击"+"按钮展开新创建的监听器，选中URL路径，在右侧"转发规则详情"区域单击"绑定"按钮，如图2-156所示。

图2-156　"转发规则详情"区域

步骤2：在"绑定后端服务"对话框中，选择绑定实例类型为"云服务器"，再选择与CLB实例同地域的云服务器实例rs-1和rs-2，设置云服务器端口均为"80"，云服务器权重均为默认值"10"，然后单击"确认"按钮，如图2-157所示。

图2-157　"绑定后端服务"对话框

步骤3：返回"转发规则详情"区域，可以查看绑定的云服务器和其健康检查状态，当端口健康状态为"健康"时表示云服务器可以正常处理负载均衡转发的请求，如图 2–158 所示。

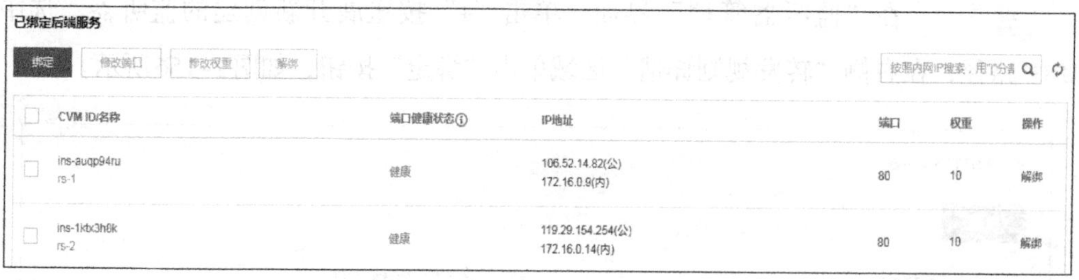

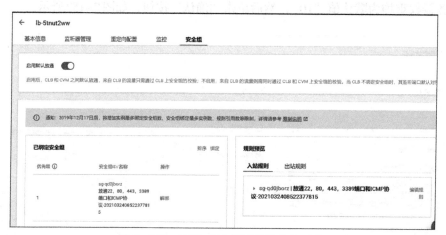

图 2–158　端口健康状态查询界面

（6）配置安全组。

步骤 1：进入负载均衡控制台，在"实例管理"界面找到目标 CLB 实例，单击实例 ID。

步骤 2：在实例详情页中单击"安全组"按钮，在"安全组"选项卡下单击开启"启用默认放通"，打开启用默认放通功能后，将仅验证如下规则预览中的安全组规则，如图 2–159 所示。

图 2–159　开启"启用默认放通"功能

（7）验证负载均衡服务

负载均衡服务配置完成后，可以验证负载均衡是否已生效。

步骤 1：在 Windows 系统中，进入 C:\Windows\System32\drivers\etc 目录，修改 hosts 文件，把域名映射到 CLB 实例的 VIP 上。在图 2–160 所示文件后面添加 VIP+www.example.com。

```
# localhost name resolution is handled within DNS itself.
#      127.0.0.1       localhost
#      ::1             localhost
```

图 2-160 hosts 文件

步骤2：为了验证 hosts 是否配置成功，用 ping www.example.com 命令探测该域名是否成功绑定了 VIP，如有数据包，则证明绑定成功，如图2-161所示。

```
C:\Users\jorda>ping www.example.com

正在 Ping www.example.com [93.184.216.34] 具有 32 字节的数据:
来自 93.184.216.34 的回复: 字节=32 时间=217ms TTL=51
来自 93.184.216.34 的回复: 字节=32 时间=192ms TTL=51
来自 93.184.216.34 的回复: 字节=32 时间=168ms TTL=51
来自 93.184.216.34 的回复: 字节=32 时间=199ms TTL=51

93.184.216.34 的 Ping 统计信息:
    数据包: 已发送 = 4，已接收 = 4，丢失 = 0 (0% 丢失)，
往返行程的估计时间(以毫秒为单位):
    最短 = 168ms，最长 = 217ms，平均 = 194ms
```

图 2-161 VIP 绑定成功

步骤3：在浏览器中输入访问路径http://159.75.192.213/image/，测试负载均衡服务。出现图2-162所示页面，则表示本次请求被 CLB 转发到了rs-1这台CVM上，CVM 正常处理请求并返回页面。

图 2-162 转发到 rs-1

此监听器的均衡方式是"加权轮询"，且两台 CVM 的权重都是"10"。刷新浏览器，再次发送请求，若出现图2-163所示页面，则表示本次请求被 CLB 转发到了 rs-2 这台 CVM 上。

图 2-163 转发到 rs-2

3）配置弹性公网 IP

（1）申请 EIP。

步骤 1：登录 EIP 控制台。在"弹性公网 IP"界面顶部选择地域，单击"申请"按钮，如图 2-164 所示。

图 2-164 "弹性公网 IP"界面

步骤 2：在弹出的"申请 EIP"对话框中，按照账户类型进行参数选择，设置 IP 地址类型为"常规 BGP IP"，所属地域为"华南地区（广州）"，计费模式选择"按流量"，数量为"1"，完成配置后，勾选"同意《腾讯云 EIP 服务协议》"复选框并单击"确定"按钮，如图 2-165 所示。

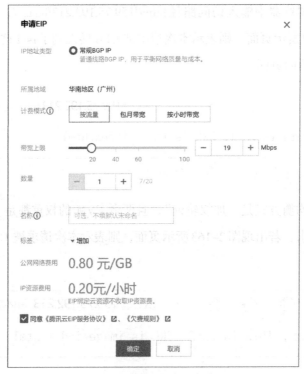

图 2-165 "申请 EIP"对话框

步骤3：完成 EIP 申请后，在 EIP 列表中，可以查看已申请的 EIP，此时处于未绑定状态，如图2-166所示。

图 2-166　EIP 列表

（2）绑定 CVM。

步骤1：进入 EIP 控制台，并选择 EIP 所在地域，在目标 EIP 右侧的操作栏下，选择"更多"→"绑定"命令，如图2-167所示。

图 2-167　选择"绑定"命令

步骤2：在弹出的"绑定资源"窗口中，单击"CVM 实例"，并选择待绑定的 CVM 实例 test1，然后单击"确定"按钮，如图2-168所示。

图 2-168　绑定 CVM

五、知识拓展

弹性伸缩 AS（Auto Scaling）可以根据业务需求和策略，自动调整 CVM 计算资源，确保拥有适量的 CVM 实例来处理应用程序负载。对于 Web 服务而言，智能扩展和收缩是成本控制和资源管理的重要组成部分。Web 应用程序开始获得更多请求流量时，将添加更多的服务器来应对额外负载。同时，当Web应用程序的流量开始减少时，将终止未充分利用的服务器。

如果使用 AS 进行容量调整，只需事先设置好扩容条件及缩容条件。AS会在达到条件时自动增加使用的服务器数量以维持性能；在需求下降时，AS会根据缩容条件减少服务器数量，以最大限度地降低成本。

项目实训

搭建云上讨论区

一、实训目的

Discuz!是全球成熟度最高、覆盖率最大的论坛网站软件系统之一，被200多万网站用户使用，可通过 Discuz! 搭建论坛。本实训的目的是学习如何在腾讯云服务器上搭建 Discuz! 论坛及其所需的LAMP（Linux + Apache + MySQL + PHP）环境。手动搭建 Discuz!论坛，需要熟悉Linux命令，如CentOS环境下安装软件时使用的 yum 命令等常用命令，同时需要掌握云服务器、云数据库的创建及配置方法。

二、实训内容

- 创建并配置云服务器；
- 创建并配置云数据库MySQL；
- 搭建LAMP环境；
- 安装Discuz!论坛。

三、实训步骤

1.登录云服务器，输入云服务器密码，如图2-169所示。

图 2-169　登录云服务器

2.搭建 LAMP 环境

对于 CentOS 系统，腾讯云提供与 CentOS 官方同步的软件安装源，包含的软件均为当前最稳定的版本，可直接通过 yum 快速安装。本任务以 CentOS 7 为例。

（1）执行如下命令安装必要软件，如图 2-170 所示。

```
yum install httpd php php-fpm php-mysql
```

```
[root@VM-0-11-centos ~]# yum install httpd php php-fpm php-mysql
```

图 2-170　安装必要软件

（2）执行如下命令启动 Apache。

```
service httpd start
```

执行如下命令启动 PHP，如图 2-171 所示。

```
service php-fpm start
```

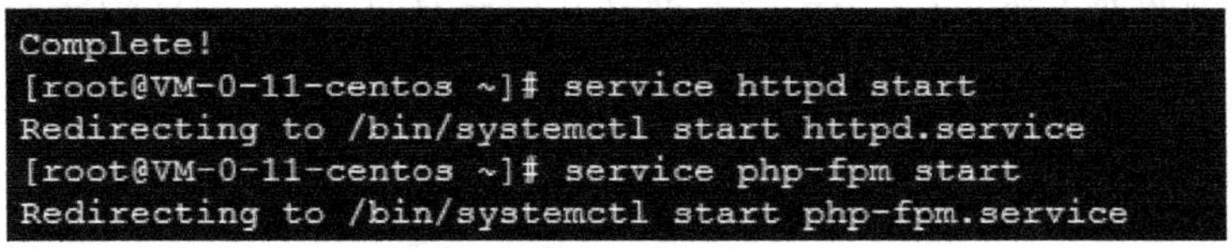

```
Complete!
[root@VM-0-11-centos ~]# service httpd start
Redirecting to /bin/systemctl start httpd.service
[root@VM-0-11-centos ~]# service php-fpm start
Redirecting to /bin/systemctl start php-fpm.service
```

图 2-171　启动 Apache 和 PHP

3.访问云主机，在浏览器中输入云主机IP地址，如图2-172所示。

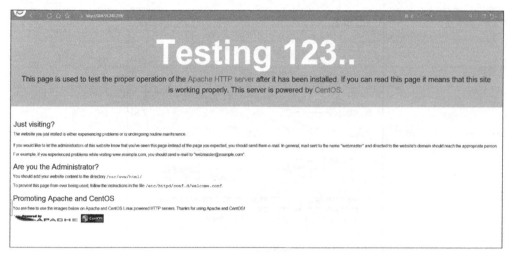

图2-172　访问云主机

4.验证环境配置

（1）执行图2-173所示命令，在 Apache 的默认根目录 /var/www/html 下创建1.php
测试文件。

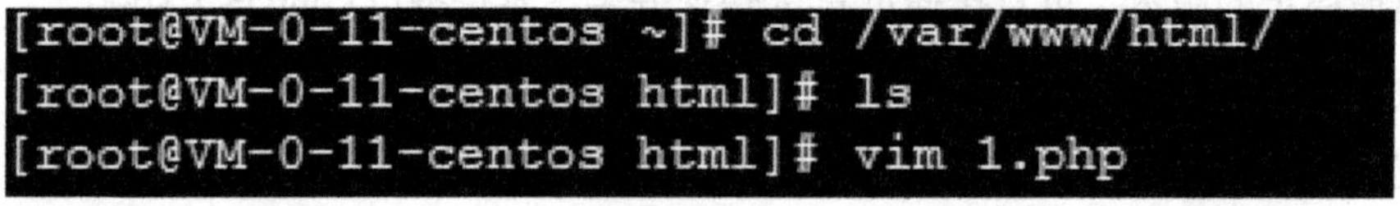

```
[root@VM-0-11-centos ~]# cd /var/www/html/
[root@VM-0-11-centos html]# ls
[root@VM-0-11-centos html]# vim 1.php
```

图2-173　创建测试文件

（2）按I键切换至编辑模式，输入如下命令：

```
<?php
echo "<title>Test Page</title>";
phpinfo()
?>
```

（3）按Esc键，输入"wq"，保存文件并返回。

（4）在浏览器中输入http://云服务器的公网IP地址/1.php，访问该PHP文件，查
看环境配置是否成功。

（5）出现图2-174所示界面，则说明 LAMP 环境配置成功。

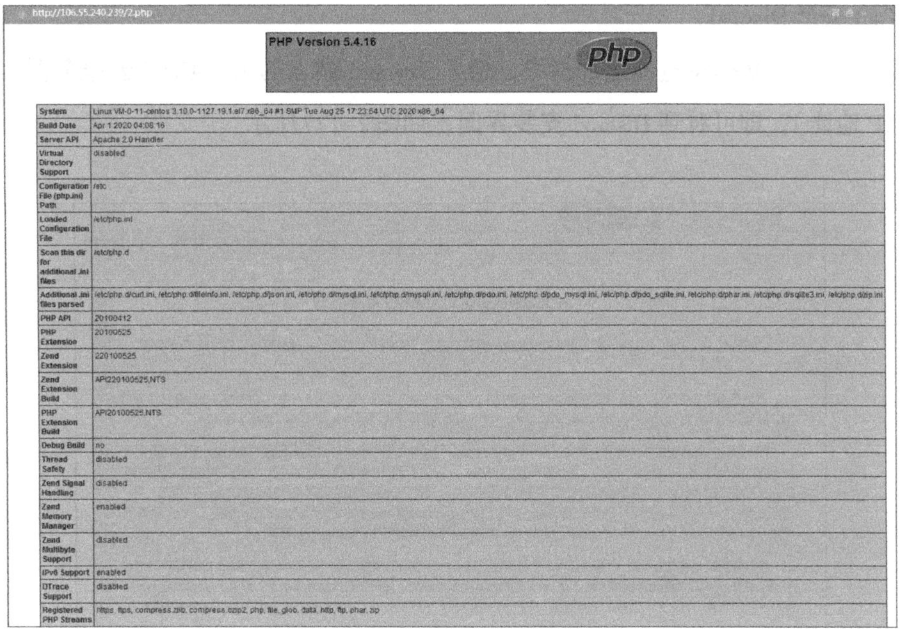

System	Linux VM-0-11-centos 3.10.0-1127.19.1.el7.x86_64 #1 SMP Tue Aug 25 17:23:54 UTC 2020 x86_64
Build Date	Apr 1 2020 04:08:16
Server API	Apache 2.0 Handler
Virtual Directory Support	disabled
Configuration File (php.ini) Path	/etc
Loaded Configuration File	/etc/php.ini
Scan this dir for additional .ini files	/etc/php.d
Additional .ini files parsed	/etc/php.d/curl.ini, /etc/php.d/fileinfo.ini, /etc/php.d/json.ini, /etc/php.d/mysql.ini, /etc/php.d/mysqli.ini, /etc/php.d/pdo.ini, /etc/php.d/pdo_mysql.ini, /etc/php.d/pdo_sqlite.ini, /etc/php.d/phar.ini, /etc/php.d/sqlite3.ini, /etc/php.d/zip.ini
PHP API	20100412
PHP Extension	20100525
Zend Extension	220100525
Zend Extension Build	API220100525,NTS
PHP Extension Build	API20100525,NTS
Debug Build	no
Thread Safety	disabled
Zend Signal Handling	disabled
Zend Memory Manager	enabled
Zend Multibyte Support	disabled
IPv6 Support	enabled
DTrace Support	disabled
Registered PHP Streams	https, ftps, compress.zlib, compress.bzip2, php, file, glob, data, http, ftp, phar, zip

图 2–174 LAMP 环境配置成功

5. 安装和配置 Discuz!

（1）输入如下命令安装 Git。

```
yum -y install git-core
```

（2）下载 Discuz!。

执行图 2–175 所示命令，下载安装包。

```
[root@VM-0-11-centos html]# git clone https://gitee.com/Discuz/DiscuzX.git
Cloning into 'DiscuzX'...
remote: Enumerating objects: 5524, done.
remote: Counting objects: 100% (5524/5524), done.
remote: Compressing objects: 100% (1284/1284), done.
remote: Total 16656 (delta 4960), reused 4316 (delta 4240), pack-reused 11132
Receiving objects: 100% (16656/16656), 15.76 MiB | 5.01 MiB/s, done.
Resolving deltas: 100% (9967/9967), done.
```

图 2–175 下载 Discuz! 安装包

（3）完成安装准备工作。

执行图 2–176 所示命令，进入下载好的安装目录。将“upload”文件夹下的所有文件复制到 /var/www/html/ 中。将写权限赋予其他用户。

```
[root@VM-0-11-centos ~]# cd DiscuzX
[root@VM-0-11-centos DiscuzX]# cp -r upload/* /var/www/html/
[root@VM-0-11-centos DiscuzX]# chmod -R 777 /var/www/html
[root@VM-0-11-centos DiscuzX]#
```

图 2–176 完成安装准备工作

（4）安装Discuz!。

步骤1：在Web浏览器地址栏中，输入 Discuz! 站点的 IP 地址（云服务器实例的公网 IP 地址），即可看到 Discuz! 安装界面，如图2-177所示。

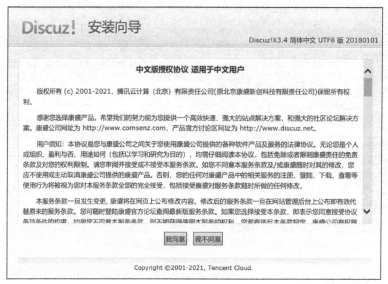

图 2-177　Discuz! 安装界面

步骤2：单击"我同意"按钮，进入安装环境检查界面，如图2-178所示。

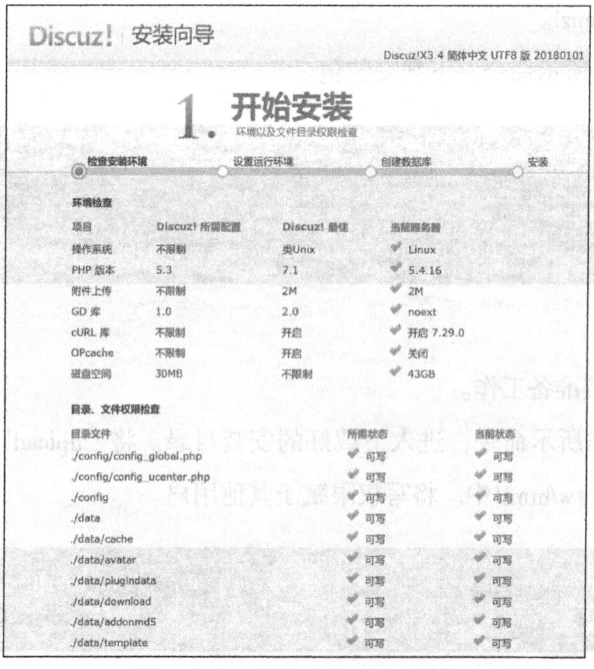

图 2-178　安装环境检查界面

步骤3：确认当前状态正常，单击"下一步"按钮，进入运行环境设置界面，如图2-179所示。

图 2-179　设置运行环境

步骤4：选择"全新安装Discuz!X"，单击"下一步"按钮，进入数据库创建界面。数据库服务器为MySQL数据库实例的公网IP地址，论坛管理员账号默认为admin，输入管理员密码并再次确认密码，单击"下一步"按钮，开始安装，如图2-180所示。

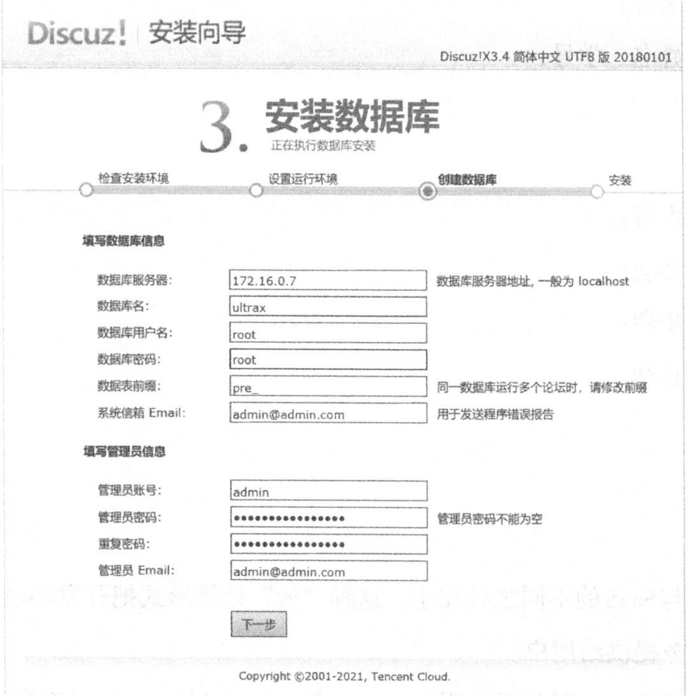

图 2-180　安装数据库

步骤5：安装完成后，即可进入Discuz!论坛页面，如图2-181所示。

图2-181　安装成功

四、实训报告要求

认真完成实训，并撰写实训报告，需包含以下内容：

（1）实训名称；

（2）学生姓名、学号；

（3）实训日期和地点（年、月、日）；

（4）实训目的；

（5）实训内容；

（6）实训环境；

（7）实训步骤；

（8）实训总结。

课后习题

1.(　　) 与SaaS的不同之处在于，这种"云"计算形式把开发环境或者运行平台也作为一种服务提供给用户。

A.软件即服务　　B.基于平台服务　　　C.基于Web服务　　　D.基于管理服务

2. 下列关于私有云和混合云的描述中，正确的有（　　）。

A. 私有云更侧重公有云上没有的服务或者不便提供的服务

B. 混合云在架构上会比较复杂

C. 在管理上，混合云的管理成本会比单纯私有云低

D. 在管理上，混合云的管理成本会比单纯私有云高

3. IaaS 是（　　）的简称。

A. 软件即服务　　B. 平台即服务　　　　C. 基础设施即服务　　D. 硬件即服务

4. 腾讯云服务器 CVM 是一种弹性可伸缩的计算服务，它具有（　　）特点。

A. 弹性计算　　　B. 灵活配置　　　　C. 稳定可靠　　　　　D. 计费固定

5. 在创建云服务器时，云服务器的硬件配置由（　　）决定。

A. 同时启动的实例数量　　　　　B. 创建云服务器时镜像大小

C. 实例类型　　　　　　　　　　D. 实际需求

6. 包年包月的云服务器到期后会发生以下哪几种情况？（　　）

A. 包年包月的资源会从到期前 7 天开始，隔天推送到期预警

B. 包年包月的资源到期当天及每隔 1 天推送欠费隔离预警

C. 进入回收站，7 日后不续费将清除数据

D. 直接删除数据且不可恢复

7. 腾讯云数据库相对使用 CVM 自建数据库，最突出的优点是（　　）。

A. 高可靠性　　　B. DDoS 防护　　　C. 弹性扩容　　　　　D. 读写分离

8. 下列关于混合云优势和劣势的描述中，错误的是（　　）。

A. 将企业的 IT 分成两部分，分别部署到公、私两朵云上

B. 企业会将公开访问的应用部署到公有云上以降低成本

C. 将安全性更高、更关键的核心应用部署到自建私有云上

D. 架构简单，轻松实现容灾备份

9. 某客户为快速开展业务，需要一个开箱即用的业务系统，要求统一服务、流程、模型和体验，那么应该选择哪种类型的云计算服务？（　　）

A. IaaS　　　　　B. SaaS　　　　　C. PaaS　　　　　　　D. 以上都不是

10. 下列关于各类云厂商的描述中，正确的是（　　）。

A. 互联网企业：丰富的 IaaS 服务经验，较强的技术研发能力，创新能力强

B.电信运营商：环境宽松、灵活，专注于细分领域

C.国际企业：起步晚，技术落后

D.传统IT企业：自身拥有带宽资源，数据中心资源丰富

11.下列关于腾讯云公有镜像操作不正确的是（　　）。

A.创建云服务器实例使用公有镜像初始化

B.使用公有镜像快速搭建个性化环境

C.海外地域的Windows类型镜像需要收取License费用

D.提供合规合法官方正版操作系统

12.下列哪些场景适合选择按量计费的计费方式?（　　）

A.具有较稳定的业务场景　　　　　　B.业务发展有较大波动，无法预测

C.需要长期使用云资源，追求低成本　D.资源使用具有临时性和突发性特点

13.公司业务在选择合适的腾讯云服务器时需要考虑的原则有（　　）。

A.成本　　　　　B.计算能力　　　　　C.I/O时延要求　　　　D.其他需求

14.下列关于腾讯云计费描述错误的是（　　）。

A.分为预付费和后付费模式

B.分为包年包月和按量计费模式

C.预付费一般为包年包月的购买形式，后付费一般为按量计费模式

D.使用按量计费总是比包年包月划算

15.下列哪项属于腾讯云提供的数据库产品?（　　）

A.关系型数据库MySQL　　　　　　B.Redis

C.文档型数据库MongoDB　　　　　D.HBase

项目三

云计算应用开发

项目三
微课列表

 学习目标

一、知识目标

（1）掌握云开发的基本概念；

（2）掌握云开发和传统开发模式的区别；

（3）掌握云 API 概念。

二、技能目标

（1）掌握创建小程序云开发环境技能；

（2）掌握初始化云开发技能；

（3）掌握云程序数据的增删查改；

（4）掌握云程序文件的管理；

（5）掌握云服务器的 API 调用。

三、素质目标

（1）培养小程序云开发的操作能力；

（2）培养理论与实操的结合能力。

🧭 项目描述

一、项目背景及需求

名片在企业、营销人员的日常生活中有着举足轻重的作用，是企业与人员的门面和形象。但是收集的名片太多不仅存取困难，不方便管理，而且经常会发生互换名片时找不到名片的尴尬情况。名片小程序可以上传、识别名片，帮助人们解决上述困境。在本项目中，通过开发名片小程序，学会如何借助小程序云开发能力，提升功能开发效率，在商务礼仪中更出色地展示自己，如图3-1所示。

图 3-1 名片小程序

二、项目任务

本项目任务包括云应用开发方法的学习、云环境的创建和初始化、云程序数据的增删查改、云程序文件的管理及云API相关知识的了解。完成名片小程序的开发，包括学习如何用腾讯云的智能图像处理服务提供的image-ndoe-sdk做名片识别处理、学习如何在云开发上实现名片识别逻辑。

◆ 项目任务实施

任务7　创建小程序云开发环境

一、任务描述

微信小程序是腾讯推出的一种不需要下载安装即可使用的应用，它运行在微信中，加载速度快，开发效率高。目前小程序已成为企业获取用户和搭建流量入口的最佳选择，越来越多的公司加入了小程序开发的行列。微信云开发是微信团队联合腾讯云推出的专业的小程序开发服务。开发者可以使用云开发快速开发小程序。

二、问题引导

（1）云开发环境有哪些特点？

（2）如何对云数据库及云存储进行基本操作？

三、知识准备

（1）云开发。

云开发（Tencent Cloud Base，TCB）是腾讯云为移动开发者提供的高可用、自动弹性扩缩的后端云服务，拥有计算、存储、CDN、静态托管等能力（Serverless 化），可用于开发多种端应用（小程序、公众号、Web应用、Flutter 客户端等），实现一站式后台服务构建多端应用，帮助开发者统一构建、管理后端服务和后端云资源，避免在应用开发过程中参与烦琐的服务器搭建及运维，开发者可以专注于业务逻辑的实现，开发门槛更低，效率更高。

从时间复杂度上来讲，相比于传统的应用构建，云开发只需要申请云开发服务器，就可以通过官方的SDK和云函数进行各种业务上的开发和数据存储交互。并且云开发是一种弱化后端的方式，仅需要前端开发就能实现。

从资源消耗上来讲，我们几乎没有物理资源，文件也是丢在云文件储存里面，而且有官方服务支持，在没有服务器、数据库和后台维护需求的情况下，前端维护涉及云相关时也可以请求腾讯支持。

从成本上来讲，时间短，资源消耗和人员消耗少，成本大幅降低。

云开发是一个支持小程序、Web、安卓等多端的应用服务中心。云开发为开发者提供完整的云端流程，简化后端开发和运维概念，无须搭建服务器，使用平台提供的 API 进行核心业务开发，即可实现快速上线和迭代。在云开发的体系架构下，云开发的基础能力可用于多场景开发。

（2）云开发和传统开发模式的区别。

在云开发模式中，开发效率相比传统开发会更高。这是因为在云开发当中，开发者只需关心业务逻辑而无须关心非业务逻辑，所以效率会很高，而传统开发则需要关注很多非业务逻辑，效率难以提升。

在成本方面，云开发要优于传统开发。在云开发模式中，可以根据自己的使用量来支付费用，云开发还为开发者提供了免费的额度，可以在免费额度内先进行开发，等超出了额度才支付相应的费用。而在传统开发模式中，在项目未上线前就需要预付大量的成本，以确保项目开发的正常进行。

在开发生态中，云开发是原生集成在微信SDK中的，使用起来非常方便，而传统开发则需要自行开发产品的逻辑，需要花费大量的精力去维护。

在运维方面，云开发的运维底层是由腾讯云来提供专业支持的，所以开发者无须关心运维部分的内容，而在传统开发模式中，则需要开发者和具体的开发商来维护运行的系统，运维难度大，成本也会更高。

从开发的速度上来讲，云开发是前端一站式解决问题，所以能够实现快速发布，与之对应的传统开发模式则需要前后端联调，上线的流程很长。云开发与传统服务器的对比情况如表3-1所示。

表 3-1　云开发与传统服务器对比表

对比类目	云开发	传统服务器
开发语言	Node.js	Java、Python、PHP
难易程度	简单	复杂
开发周期	1~5 周	1~5 个月
部署难易	基本不用部署	部署费时费力
是否需要域名	不需要	需要
是否需要备案	不需要	需要
是否支持 HTTPS	不需要	需要

续表

对比类目	云开发	传统服务器
适合企业	中小型企业	大型企业
学习难易	容易	难
费用	免费版基本够用	200~2000 元 / 年

（3）小程序云开发。

小程序云开发是腾讯云与微信小程序团队合作推出的基于全新架构的"小程序·云开发"解决方案，提供云函数、数据库、存储管理等云服务，提供一站式开发服务。基于"小程序·云开发"解决方案，小程序开发者可以对服务部署与运营环节进行云端托管，通过Serverless开发模式实现小程序产品上线与迭代。小程序云开发模式如图3-2所示。

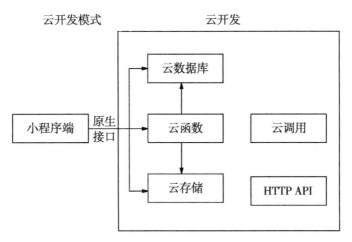

图 3-2　小程序云开发模式

小程序云开发具有以下特点：

• 前端可以完整开发一个小程序；

• 腾讯云和微信开放能力通过云开发，可以像调用API一样简单方便；

• 开箱即用，直接在微信IDE开通使用。

四、任务实施

1.创建云环境

步骤1：打开微信公众号的官方网址 https://mp.weixin.qq.com，如图3-3所示。按步骤申请小程序。

图 3-3 微信公众平台

步骤2：扫描二维码进入平台后，选择注册的账号类型为"小程序"，如图3-4所示。

图 3-4 选择注册的账号类型

步骤3：按步骤填写信息，然后提交，出现信息提交成功提示框后，小程序注册成功，如图3-5所示。

图 3-5　信息提交成功提示框

步骤4：已经申请小程序，在"开发"→"开发管理"→"开发设置"下获取微信小程序 AppID，如图 3-6 所示。

图 3-6　小程序 AppID

步骤5：登录腾讯云，在"API 密钥管理"界面获取腾讯云的 AppID、SecretId 和 SecretKey，如图 3-7 所示。

图 3-7　"API 密钥管理"界面

步骤6：在"开发工具"界面，单击"下载"按钮下载微信开发者工具，如图3-8所示。

图3-8　微信开发者工具下载界面

步骤7：跳转页面中有三个版本：稳定版、预发布版和开发版，这里选择"稳定版"，并开始下载，如图3-9所示。

图3-9　选择"稳定版"并下载

步骤8：下载完成后，双击安装包，开始安装，如图3-10所示。

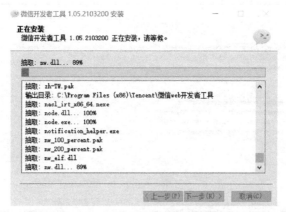

图3-10　微信开发者工具安装界面

步骤9：安装完成后，在该界面中单击"完成"按钮，如图3-11所示。

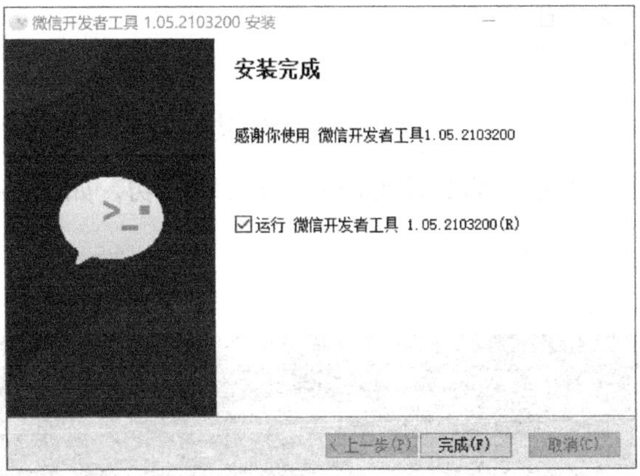

图 3-11 安装完成

步骤10：安装 Node.js 和 npm，从 Node.js 官网下载二进制文件直接安装，建议选择 LTS 版本，如图3-12所示。

图 3-12 选择 Node.js 安装版本

步骤11：双击安装程序，进入安装界面至安装成功，如图3-13所示。

图 3-13 Node.js 安装界面

步骤12：确保步骤11 Node.js和npm安装成功后，使用npm命令安装cloudbase/cli，打开命令行终端，输入如下命令：

    npm i -g @cloudbase/cli

如果安装过程中未给出错误提示，则安装成功。我们可以输入如下命令测试是否安装成功，如果输出版本号，那么说明CLI工具安装成功，如图3-14所示。

    cloudbase -v

图3-14 安装成功

2.开通云开发

步骤1：登录腾讯云，前往云开发CloudBase控制台，在左上角选择"广州"，并单击"快速开通"按钮，打开"开通云开发"对话框，如图3-15所示。

图3-15 云开发CloudBase控制台

步骤2：在"环境名称"文本框中输入自定义名称"hello-cloudbase"，勾选"开启免费资源"复选框，这样可以按照最早开通环境时的周期每个月赠送用量，超过用量后进行计费。具体费用可以单击"查看计费详情"查看，之后单击"授权并开通"
按钮，如图3-16所示。

图 3-16 "开通云开发"对话框

步骤3：在"角色管理"页面，界击"同意授权"按钮，如图3-17所示。

图 3-17 "角色管理"页面

步骤4：云开发开通成功，单击提示框中的"确认"按钮，如图 3-18 所示。

图 3-18 云开发开通成功

步骤5：在某些情况下，可能要在微信小程序内使用腾讯云侧开通的 CloudBase

环境，需要先进行关联操作，登录 CloudBase 云开发控制台，在菜单栏右上角的"用户名"级联菜单中，单击"账号信息"按钮，进入账号中心，单击"登录方式"中"微信公众平台"右侧的"绑定"按钮，如图3-19所示。

图 3-19　设置登录方式

步骤 6：扫描弹出的二维码进行微信登录，在弹出的"账号绑定"提示框中，单击"去授权"按钮，如图3-20所示。按提示进行授权操作，即可完成账号绑定。

图 3-20　"账号绑定"提示框

步骤 7：想在微信开发者工具中使用该环境，可以进行环境转换，将云侧创建的环境转换为微信小程序环境。单击"转换"按钮进行环境转换。未授权账户，单击"转换"按钮授权云开发权限给腾讯云云开发后，再次单击"转换"按钮，完成环境转换。已授权账户，单击"转换"按钮完成环境转换，如图3-21所示。

图 3-21　转换环境

步骤8：由于在环境转换过程中，将云开发权限授予腾讯云云开发，所以在微信开发者工具中无法使用云开发，需要前往微信公众平台停止腾讯云云开发授权，才可继续在微信开发者工具中使用云开发。前往微信公众平台，通过"设置"→"第三方设置"停止腾讯云云开发授权。打开微信开发者工具，单击"云开发"按钮，如图3-22所示，进入云开发资源管理界面，如图3-23所示。

图 3-22　微信开发者工具中的"云开发"按钮

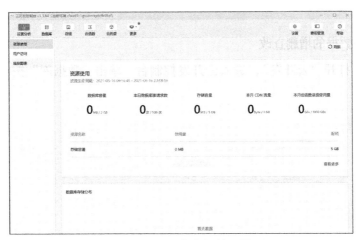

图 3-23　云开发资源管理界面

步骤9：单击"设置"→"环境设置"按钮获取云开发环境，如图3-24所示。这里的环境ID建议直接复制，如果手写容易出错。

图 3-24　获取云开发环境

3.初始化云开发

步骤：获取环境ID以后，就去app.js里做云开发环境初始化，在wx.cloud.init( )函数中输入环境ID，如图3-25所示。

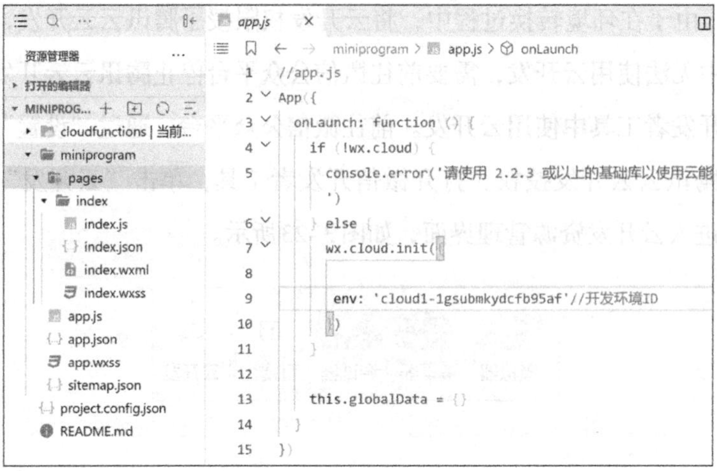

图 3-25　初始化云开发

4.云程序数据的增删查改

步骤1：打开"云开发"，进入云开发控制台，单击"数据库"按钮，如图3-26所示。

图 3-26　云开发控制台中的"数据库"按钮

步骤2：单击"+"按钮，打开"创建集合"页面，输入集合名称"goods"，并单击"确定"按钮，新建名为"goods"的集合，如图3-27所示。

图 3-27　创建集合

步骤3：创建好集合后，需要向其中添加数据，单击"添加记录"按钮，在"添加记录"界面，单击"+"按钮，在字段框输入"name"，设置类型为"string"，值为"apple"，接着继续单击"+"按钮，在字段框输入"price"，设置类型为"number"，值为"5"，如图3-28所示。

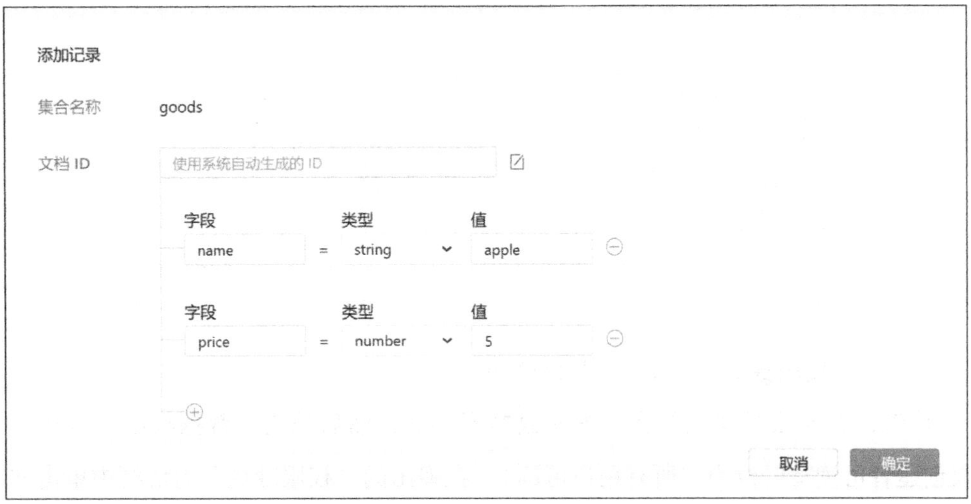

图 3-28 添加记录

步骤4：单击"确定"按钮，在控制台查看添加的记录信息，包含_id、name和price及其对应的值。_id为系统自动创建的主键，如图3-29所示。

图 3-29 查看添加的记录

步骤5：在app.json中添加一个shujuku页面。在"pages"中添加"pages/shujuku/shujuku"，保存后会出现shujuku页面，如图3-30所示。

图 3-30　添加 shujuku 页面

步骤6： 使用get( )方法，查询所有数据。

首先，打开云开发控制台，进入数据库界面，然后单击"数据权限"按钮，将"仅创建者可读写"改为"所有用户可读"，在弹出的"权限变更"对话框中单击"确定"按钮，如图3-31所示。

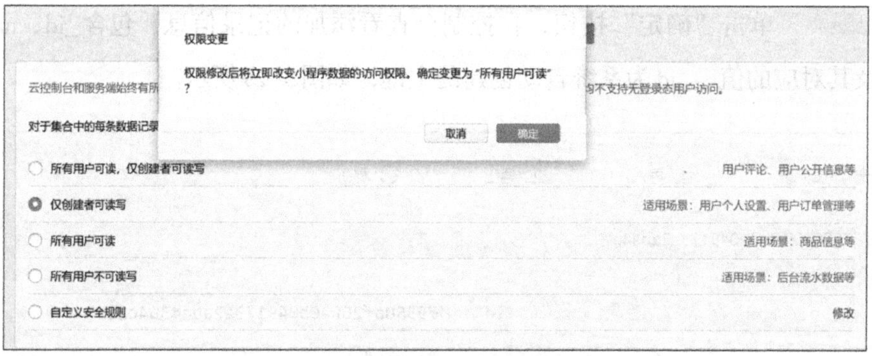

图 3-31　变更权限

步骤7： 弹出的页面提示"权限变更完成"，单击"确定"按钮，如图3-32所示。

图 3-32　"权限变更完成"提示框

步骤8： 至此，权限变更为"所有用户可读"，如图3-33所示。

图 3-33 权限变更完成 1

步骤 9：在 onLoad( ) 函数中输入代码，使用 get( ) 方法查询 goods 中的所有记录，如图 3-34 所示。

```
// pages/shujuku/shujuku.js
Page({

  data: {
    list: [],
  },


  /**
   * 生命周期函数--监听页面加载
   */
  onLoad() {
    wx.cloud.database().collection('goods')
      .get({
        success(res) {
          console.log('请求成功',res)
        },
        fail(err){
          console.log('请求失败',err)
        }
      })
  },
```

图 3-34 使用 get( ) 方法查询 goods 中的所有记录

步骤 10：编译后，显示查询到的记录，如图 3-35 所示。

图 3-35 编译结果 1

步骤 11：使用 where( ) 函数进行条件查询，查询满足条件的记录。

查询 name 字段的值为"apple"的记录，修改 onLoad( )，如图 3-36 所示。

```
11   ∨   onLoad() {
12         wx.cloud.database().collection('goods')
13   ∨       .where({
14             name: 'apple'
15           })
16         .get()
17   ∨     .then(res => {
18             console.log('返回的数据', res)
19   ∨         this.setData({
20               list: res.data
21             })
22         })
23   ∨     .catch(err => {
24             console.log('第二种方法请求失败', err)
25         })
```

图 3-36　使用 where() 函数进行条件查询

步骤12：单击"编译"按钮，返回一条满足条件的记录，如图3-37所示。

图 3-37　编译结果 2

步骤13：使用add()方法，实现数据的添加。

添加一条name为"pear"、price为"6"的记录，单击"数据权限"按钮，将权限变更为"所有用户可读"，在弹出的"权限变更"对话框中单击"确定"按钮确认操作，如图3-38所示。

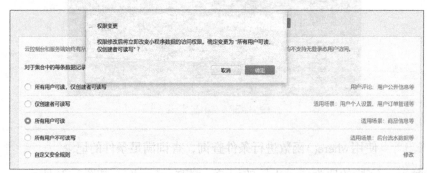

图 3-38　将权限变更为"所有用户可读"

步骤14：弹出的页面提示"权限变更完成"，单击"确定"按钮，如图3-39所示。

权限变更

权限变更完成。

确定

图3-39 "权限变更完成"提示框

步骤15：权限变更为"所有用户可读"，如图3-40所示。

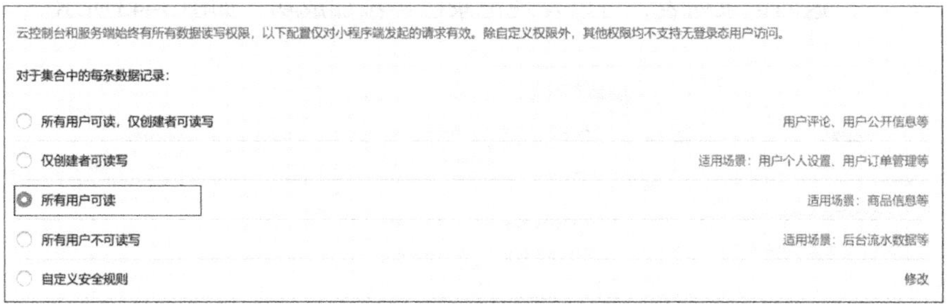

云控制台和服务端始终有所有数据读写权限，以下配置仅对小程序端发起的请求有效。除自定义权限外，其他权限均不支持无登录态用户访问。

对于集合中的每条数据记录：

○ 所有用户可读，仅创建者可读写   用户评论、用户公开信息等

○ 仅创建者可读写   适用场景：用户个人设置、用户订单管理等

◉ 所有用户可读   适用场景：商品信息等

○ 所有用户不可读写   适用场景：后台流水数据等

○ 自定义安全规则   修改

图3-40 权限变更完成2

步骤16：在onLoad()函数中输入代码，使用add()方法添加新数据，如图3-41所示。

```
11    onLoad() {
12      wx.cloud.database().collection('goods')
13      .add({
14        data: {
15          name: 'pear',
16          price: 6
17        }
18      })
19
20      .then(res => {
21        console.log('添加成功', res)
22      })
23      .catch(err => {
24        console.log('添加失败', err)
25      }
26    },
```

图3-41 使用add()方法添加数据

步骤17：单击"编译"按钮，返回一条满足条件的记录，如图3-42所示。

图 3-42　编译结果 3

步骤 18：返回记录列表，可以发现记录已经添加成功，如图 3-43 所示。

图 3-43　记录添加成功

步骤 19：使用 update( ) 方法更新数据，修改数据库里已经存在的数据，如图 3-44 所示。

```
11    onLoad() {
12      wx.cloud.database().collection('goods')
13        .doc('79550af260a0b049173a2aba4364e26b')//修改数据的_id
14        .update({
15          data: {
16            price: 10
17          }
18        })
19
20        .then(res => {
21          console.log('修改成功', res)
22        })
23        .catch(err => {
24          console.log('修改失败', err)
25        })
26    },
```

图 3-44　使用 update() 方法更新数据

步骤20：单击"编译"按钮，返回修改成功提示，如图3-45所示。

图3-45 编译结果4

步骤21：使用remove()方法，删除已有数据，如图3-46所示。

```
10        */
11  ∨   onLoad() {
12        wx.cloud.database().collection('goods')
13        .doc('28ee4e3e60a0e5ad193fd20b77c918c7') //修改数据的_id
14        .remove()
15  ∨     .then(res => {
16          console.log('修改成功', res)
17        })
18  ∨     .catch(err => {
19          console.log('修改失败', err)
20        })
21      },
```

图3-46 使用remove()方法删除数据

步骤22：单击"编译"按钮，返回修改成功提示，如图3-47所示。

图3-47 编译结果5

步骤23：返回记录列表，可以发现记录已经删除成功，如图3-48所示。

图3-48 成功删除记录

5.云程序文件的管理

步骤1：打开云开发控制台，单击"存储"→"存储管理"按钮，完成文件的存储管理，如图3-49所示。

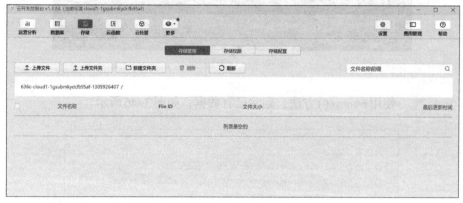

图 3-49　"存储管理"界面

步骤2：单击"上传文件夹"按钮，选中要上传的文件夹，在弹出的"上传文件"页面中单击"确定"按钮，如图3-50所示。

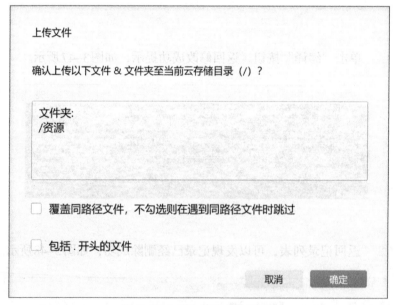

图 3-50　"上传文件"页面

步骤3："存储管理"界面显示出上传文件夹里的所有文件，包括文档文件、图片文件、音视频文件等，如图3-51所示。

图 3-51 文件夹上传成功

步骤4：单击文件名称，可以查看该文件的详细信息，如文件大小、文件格式、存储位置、下载地址等，如图3-52所示。

图 3-52 查看文件详细信息

步骤5：复制下载地址的链接，如图3-53所示。

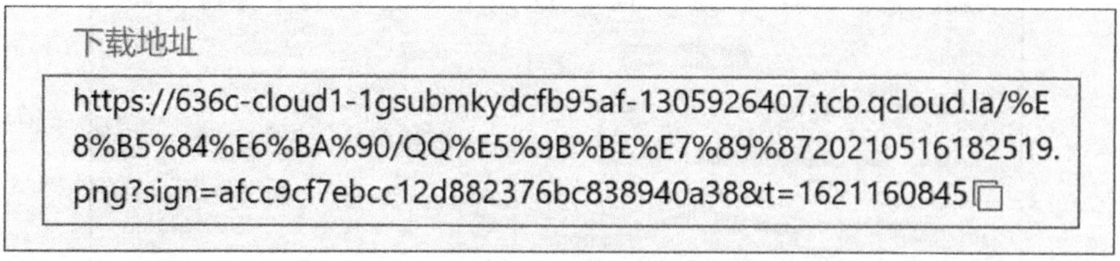

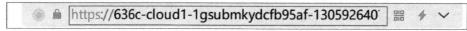

下载地址
https://636c-cloud1-1gsubmkydcfb95af-1305926407.tcb.qcloud.la/%E8%B5%84%E6%BA%90/QQ%E5%9B%BE%E7%89%8720210516182519.png?sign=afcc9cf7ebcc12d882376bc838940a38&t=1621160845

图3-53　复制下载地址的链接

步骤6：在浏览器中粘贴复制的地址，可以显示该图片文件，也可以完成下载，如图3-54所示。

https://636c-cloud1-1gsubmkydcfb95af-130592640

图3-54　在浏览器中粘贴复制的地址

步骤7：在云开发控制台的“存储”→“存储管理”界面，单击“上传文件”按钮，在弹出的“打开”对话框中选择需要上传的文件123.docx，单击“打开”按钮上传该文件，如图3-55所示。

概览
运营分析
数据库
存储
云函数
云托管
更多
设置
费用管理
帮助
存储管理
存储权限
存储配置
上传文件
上传文件夹
新建文件夹
删除
刷新
文件名称前缀
打开
此电脑 › 桌面 › 资源
搜索"资源"
组织
新建文件夹
3D 对象
视频
图片
文档
下载
音乐
桌面
Local Disk (C:)
SDHC (D:)
123.docx
23456.png
QQ图片20210516182519.png
QQ图片20210520205437.png
文件名(N):
所有文件 (*.*)
打开(O)
取消
最后更新时间

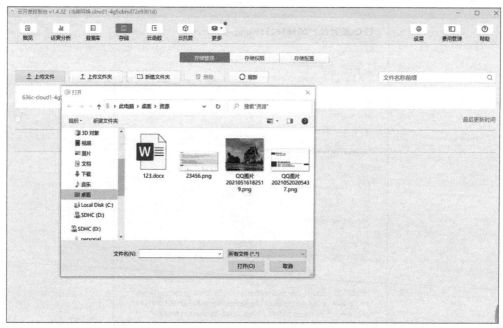

图3-55　上传文件

步骤8：“存储管理”界面显示文件123.docx上传成功，如图3-56所示。

图 3-56   文件上传成功

步骤9：选中需要删除的文件123.docx，单击"删除"按钮，在弹出的"删除文件"提示框中单击"确定"按钮，删除该文件，如图3-57所示。

图 3-57   删除文件

6.简单的微信小程序

一个小程序包含一个app（主体部分）和多个page（页面）。

（1）app是用来描述整体程序的，由三个文件组成，以.js为后缀的文件是脚本文件，以.json为后缀的文件是配置文件，以.wxss为后缀的文件是样式表文件，必须放在项目的根目录下。app.js是小程序的脚本代码（必需），可以在该文件中监听并处理小程序的生命周期函数、声明全局变量、调用框架提供的丰富的 API，如图 3-58 所示。

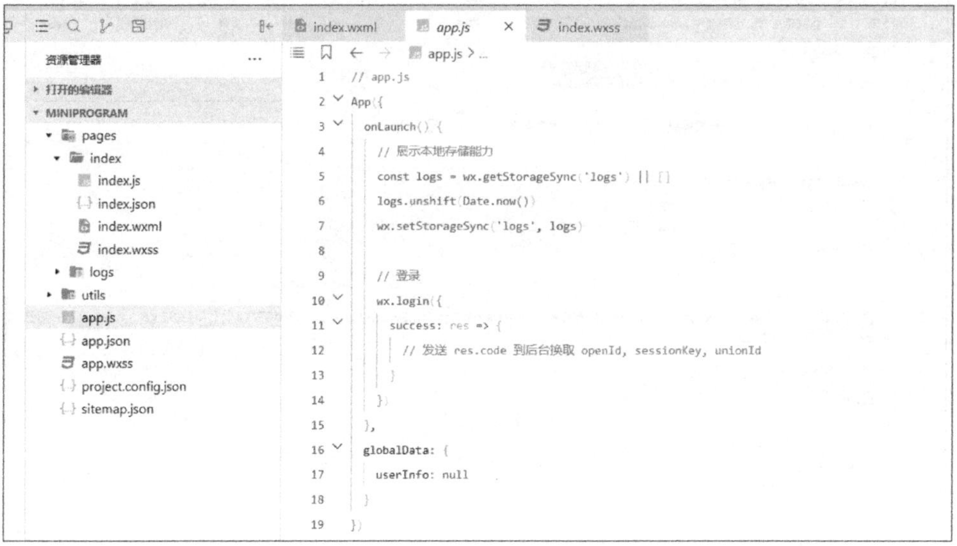

图 3-58　app.js 文件

app.json 是对整个小程序的全局配置（必需），用来对微信小程序进行全局配置，决定页面文件的路径、窗口表现，设置网络超时时间，设置多 tab 等。接收一个数组，每一项都是字符串，用来指定小程序由哪些页面组成。微信小程序中的每一个页面的"路径＋页面名"都需要写在 app.json 的 pages 中，且 pages 中的第一个页面是小程序首页，如图 3-59 所示。

图 3-59　app.json 文件

app.wxss是整个小程序的公共样式表（非必需），如图3-60所示。

图 3-60　app.wxss 文件

（2）page用来描述页面，一个页面由4个文件组成，这里以首页index为例，每一个小程序页面都是由同路径下同名的4个不同后缀的文件组成的，如index.js、index.json、index.wxml、index.wxss。以 .js 为后缀的文件是脚本文件，以 .json 为后缀的文件是配置文件，以 .wxml 为后缀的文件是页面结构文件，以 .wxss 为后缀的文件是样式表文件。index.js 是页面的脚本文件（必需），在这个文件中我们可以监听并处理页面的生命周期函数、获取小程序实例、声明并处理数据、响应页面交互事件等，如图3-61所示。

图 3-61　index.js 文件

index.json是页面配置文件（非必需），当有页面配置文件时，配置项在该页面会覆盖app.json的Windows中相同的配置项。如果没有指定的页面配置文件，则在该页面直接使用app.json中的默认配置。这里无须指定。

index.wxml是页面结构文件（必需），如图3-62所示。

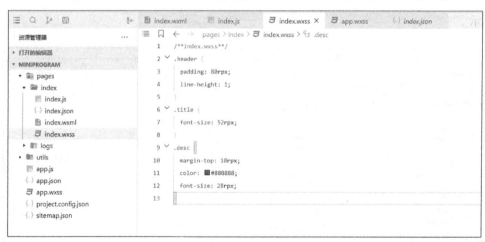

图 3-62　index.wxml 文件

index.wxss是页面样式表文件（非必需），当有页面样式表时，页面样式表中的样式规则会层叠覆盖app.wxss中的样式规则。如果不指定页面样式表，也可以在页面结构文件中直接使用app.wxss中指定的样式规则，如图3-63所示。

图 3-63　index.wxss 文件

（3）测试小程序实例。

步骤1：打开微信Web开发者工具，选择"本地小程序项目"。

步骤2：填写小程序的AppID、项目名称，选择之前写好的小程序实例文件夹，单击"添加项目"按钮。

步骤3：如果出现图3-64所示效果，那么你的第一个小程序项目已经编辑成功。在左侧选中相应的文件，还可以在右侧编辑窗口直接对代码进行修改，保存后刷新即可生效，如图3-64所示。

图3-64 小程序项目编辑窗口

五、知识拓展

云函数即在云端（服务器端）运行的函数。在物理设计上，一个云函数可以由多个文件组成，占用一定量的 CPU 内存等计算资源；各云函数完全独立；可分别部署在不同的地区。开发者无须购买、搭建服务器，只需编写函数代码并部署到云端即可在小程序端调用，同时云函数之间也可相互调用。

一个云函数的写法与一个在本地定义的 JavaScript 方法无异，代码运行在云端 Node.js 中。当云函数被小程序端调用时，定义的代码会被放在 Node.js 运行环境中执行。我们可以像在 Node.js 环境中使用 JavaScript 一样在云函数中进行网络请求等操作，而且我们可以通过云函数后端 SDK 搭配使用多种服务，比如使用云函数 SDK 中提供的数据库、存储 API 进行数据库和存储操作。

云函数的独特优势在于与微信登录鉴权的无缝整合。当小程序端调用云函数时，云函数的传入参数中会被注入小程序端用户的OpenID，开发者无须校验OpenID的正确性，因为微信已经完成了这部分鉴权，开发者可以直接使用该OpenID。

任务 8　API 调用

一、任务描述

云 API 是腾讯云开放生态的基石。通过云 API，只需少量的代码即可快速操作云产品；在熟悉云 API 的情况下，使用云 API 实现一些需要频繁调用的功能可以极大地提高工作效率，从而快速实现类似操作，创造更多价值。开发者需掌握云 API 的概念和调用。

二、问题引导

（1）云 API 有哪些优点？

（2）如何调用云 API 创建云服务器？

三、知识准备

1.云 API 的概念

云 API 是指开发者可以使用云应用编程接口编码，而这个接口具备一项云提供商的服务，它具备易于自动化、易于远程调用、兼容性强及对系统要求低等优势。通过云 API，只需少量的代码即可快速操作云产品，针对频繁调用的功能可以提高工作效率。除此之外，通过 API 可以组合功能，实现更高级的功能，易于自动化，易于远程调用，兼容性强，对系统要求低。云 API 产品优势如表 3-2 所示。

表 3-2　云 API 产品优势

对比类目	云 API	控制台 Web UI
速度	快速使用云产品	启动慢，需加载
效率	高效地使用云产品的功能	重复工作，效率低下
灵活性	批处理和操作集成	功能单一，无法扩展
其他	易于自动化，易于远程调用，兼容性强，对系统要求低	难以自动化，不适合远程调用，需要操作系统界面的支持

2.常用的 API 特性

（1）快速。

云 API 提供腾讯云产品各类资源的接口，用户只需通过云 API 即可快速操作云产品，可更加方便地管理云资源。

（2）高效。

云 API 对系统要求低且兼容性强，在熟练使用云 API 的情况下，可自行组建云 API

完成常用功能的调用，提高了工作效率。

（3）灵活。

腾讯云API易于自动化，支持远程调用，可通过云API自由组合接口实现更高级的功能，实现功能定制。

四、任务实施

云服务器的API调用

步骤1：在云API中心单击API Explorer 3.0进入工具，如图3-65所示。最左侧是产品列表，单击云服务器产品后，右侧显示的是该产品相关列表，如地域相关接口、实例相关接口等。

图 3-65　API Explorer 3.0 界面

步骤2：选择"实例相关接口"→"创建实例"命令，如图3-66所示。此时需要输入的参数很多，此处以参数Zone和ImageID为例介绍如何获取参数值。如果不清楚参数的具体含义，可以单击参数右侧的问号查看该参数的具体含义。

图 3-66　"创建实例"界面

步骤 3：选择"云服务器"→"实例相关接口"→"查询实例机型列表"命令，在"输入参数"的地域参数下拉列表中选择"华南地区（广州）"。在选填项中分别填入"zone""ap-guangzhou-3""instance-family""SA1"，查询广州三区中实例机型系列为SA1的机型列表，如图3-67所示。

图 3-67　查询广州三区中实例机型系列为 SAI 的机型列表

步骤 4：单击右侧的"在线调用"按钮，在弹出的"在线调用"对话框中单击"发送请求"按钮，如图3-68所示。响应结果栏中会显示出请求响应结果，如图3-69所示。"ap-guangzhou-3"表示广州三区，如果要创建在广州三区的服务器，则在创建实例的参数Zone中填入"ap-guangzhou-3"。

在线调用

点击下面的"发送请求"按钮，系统会以POST的请求方法发送您在左侧填写的参数到对应的接口，该操作等同于真实操作，建议您仔细阅读产品计费文档了解费用详情，同时系统会给您展示请求之后的结果、响应头等相关信息，供您调试、参考。

发送请求　　请求耗时:319ms

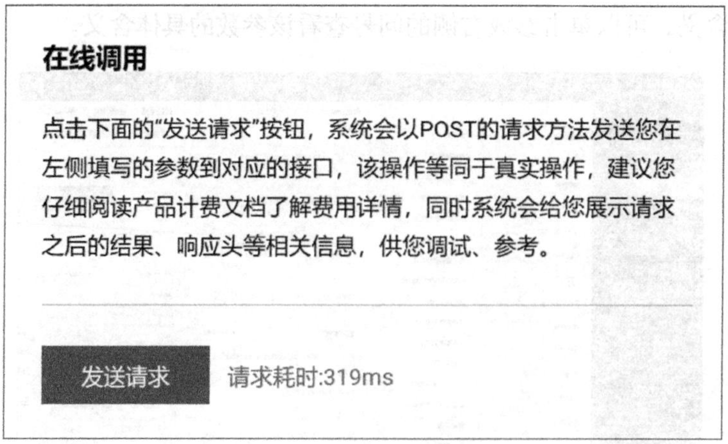

图 3-68　发送在线调用请求

图 3-69 请求响应结果

步骤5：在CVM服务器创建界面，查询广州三区中实例机型系列为SA1的机型列表时，需做实例类型相关项选择，如图3-70所示。

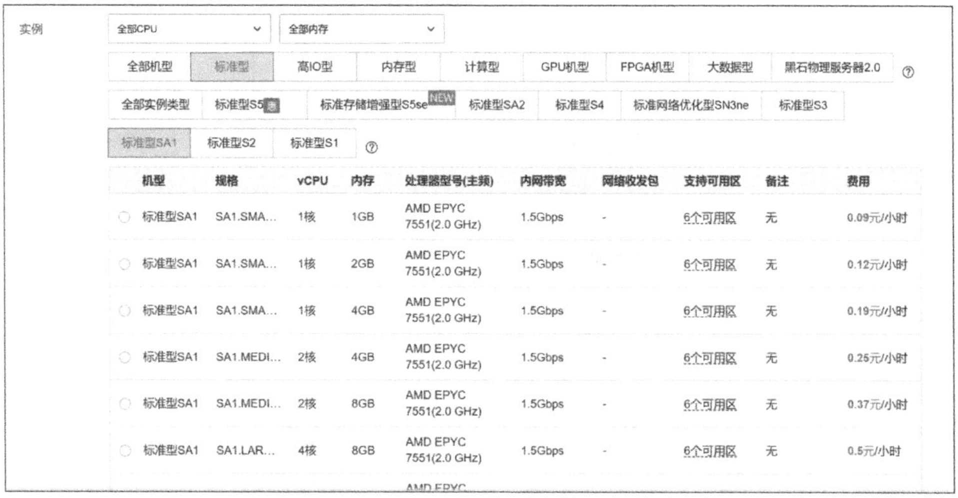

图 3-70 查询广州三区中实例机型系列为 SA1 的机型列表

步骤6：重新打开API Explorer 3.0界面，选择"容器镜像服务"→"查看镜像列表（CVM）"命令，在"输入参数"的地域参数下拉列表中选择"华南地区（广州）"，右侧响应结果中显示出不同镜像类型对应的ImageID，如图3-71所示。

图 3-71　查看镜像列表（CVM）

步骤7：再次单击"实例相关接口"选择"创建实例"命令，在Zone参数中输入"ap-guangzhou-3"，在ImageID参数中输入"img-n7nyt2d7"，单击"发送请求"按钮，如图3-72所示。

图 3-72　发送在线调用请求

步骤8：返回云开发控制台，在云服务器实例中有一台名为"ins-lqmmgory"的服务器实例，该实例的可用区为"广州三区"，实例类型为"标准型SA1"，如图3-73所示。

ID/名称	监控	状态 ▼	可用区 ▼	实例类型 ▼	实例配置	主IPv4地址 ⓘ	操作
ins-lqmmgory 新 未命名		运行中	广州三区	标准型SA1 新	1核 1GB 0Mbps 系统盘: 高性能云硬盘 网络: Default-VPC	172.16.0.12 (内)	登录 更多 ▼

图 3-73 云服务器实例列表

五、知识拓展

1.云API应用场景功能组合

当用户有很多重复性操作需要完成时，可选择使用云API。例如，在"双十一"、618活动时，某些平台需大量创建所需服务，活动结束时需批量删除服务。该操作过程固定且重复性极高，如果使用传统方式会造成大量时间和精力的浪费。此时可使用云API解决该问题，只需结合云API文档介绍，按照实际需求编写业务代码，在代码中进行功能组合，从而快速实现类似操作，可有效提高工作效率，创造更多价值。

2.API应用场景定制需求

用户可按照实际需求自由组合云API的各项功能，实现更高级的功能及定制化开发。另外，用户还可以将定制化开发的结果融合到自有软件中，以提高工作效率。

 项目实训

名片小程序应用开发

一、实训目的

通过名片小程序应用开发的设计与实现，学习如何用云开发插入、读取数据，学习如何在云开发上实现数据查询和插入。

二、实训内容

• 配置并创建项目；

• 添加并获取数据；

• 编写代码；

• 允许程序校验检查。

名片小程序开发效果如图3-74所示。

图 3-74   名片小程序开发效果

三、实训步骤

步骤1：打开微信开发者工具，创建一个新的小程序项目，项目目录选择名片小程序Demo的目录，AppID填写已经申请公测资格的小程序对应的AppID，如图3-75所示。

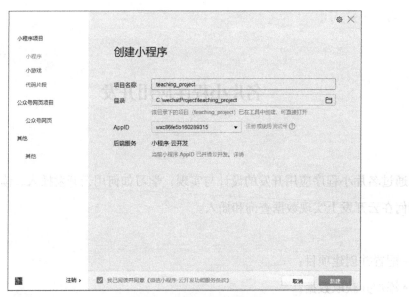

图 3-75   创建小程序项目

步骤2：开发名片小程序会使用到云开发提供的数据库能力，先打开云开发控制台，单击菜单栏中的"数据库"按钮，然后单击左侧边栏的"+"按钮，输入集合名称"namecard"，最后单击"确定"按钮即可创建集合，如图3-76和图3-77所示。

图3-76　单击"数据库"按钮

图3-77　创建集合

步骤3：单击"数据库"→"namecard"→"记录列表"→"+添加记录"按钮尝试添加测试数据，如图3-78所示。

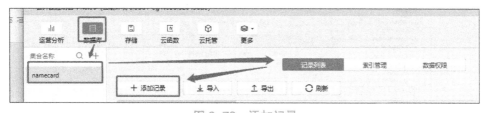

图3-78　添加记录

步骤4：分别依次添加"name""position""department""company""address""email""mobile""phone"等字段，然后单击"确定"按钮，如图3-79和图3-80所示。

图 3-79　确认添加字段

图 3-80　生成数据

步骤5：尝试获取云端数据库 namecarad 集合中的数据。在文件 app.js 中连接腾讯云空间，如图3-81所示。

图 3-81　连接腾讯云空间

步骤6：在文件 \pages\index\index.js 中，在生命周期函数 onLoad( )中尝试连接腾讯云空间并获取数据，如图3-82所示。

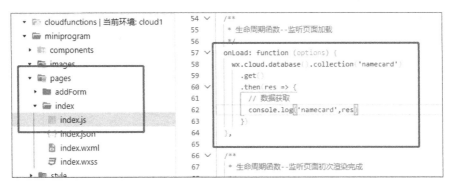

图 3-82 获取数据

步骤7：保存刷新，在控制台查看获取的数据，如图3-83所示。

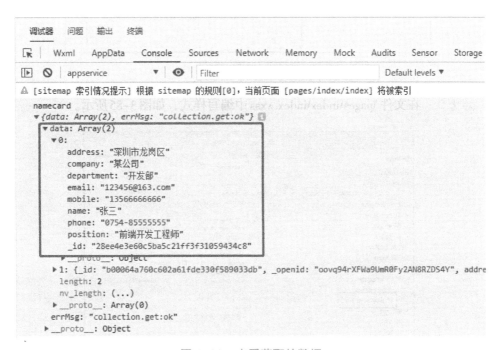

图 3-83 查看获取的数据

步骤8：在文件 \pages\index\index.wxml 中渲染数据，通过 hidden="{{!loading}}"控制查询显示状态，通过 wx:if="{{userInfo.name}}" 判断请求的数据是否为空值，若为空则不渲染，如图3-84所示。

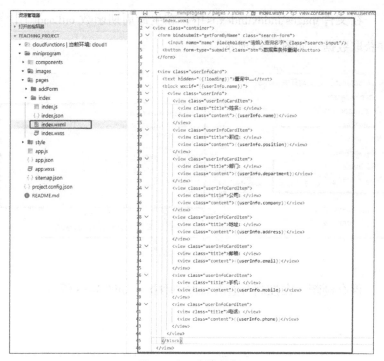

图 3-84　渲染数据

步骤 9： 在文件 \pages\index\index.wxss 中编写样式，如图 3-85 所示。

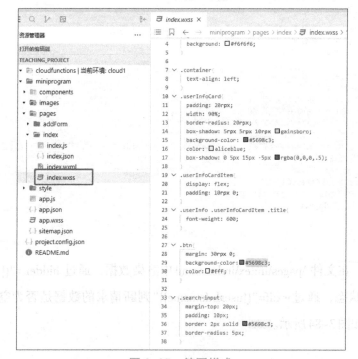

图 3-85　编写样式

步骤 10：在文件 \pages\index\index.js、文件 data.userInfo 中添加测试数据，页面可以正常进行数据绑定并显示，如图 3-86 所示。

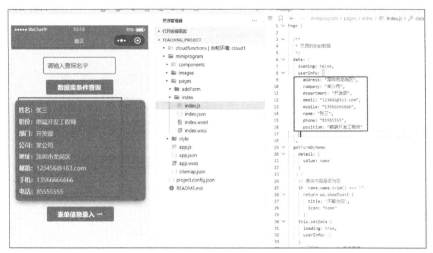

图 3-86 添加测试数据

步骤 11：使用 getFormByName( ) 函数根据条件获取云端指定数据，这里以 name 键为例，如图 3-87 至图 3-89 所示。

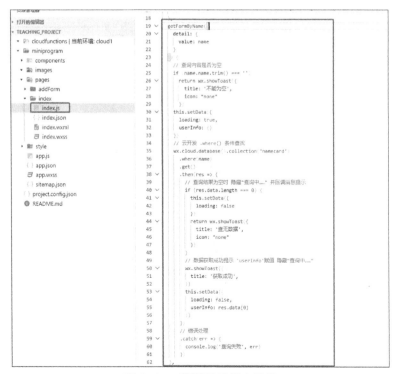

图 3-87 获取云端指定数据

```
资源管理器                    …    ≡ W ←  ⌄  miniprogram › pages › index › 📄 index.js ›
打开的编辑器                              25      // 云开发 .where() 条件查找
TEACHING_PROJECT                        26      wx.cloud.database().collection('namecard')
▸ 📁 cloudfunctions | 当前环境: cloud1   27        .where(name)
▾ 📁 miniprogram                        28        .get()
  ▸ 📁 components                        29  ⌄     .then(res => {
  ▸ 📁 images                            30          // 查询结果为空时 隐藏"查询中……" 并回调消息提示
  ▾ 📁 pages                             31  ⌄       if (res.data.length === 0) {
    ▸ 📁 addForm                         32  ⌄         this.setData({
    ▾ 📁 index                           33              loading: false
       📄 index.js                       34            })
       {} index.json                     35  ⌄         return wx.showToast({
       📄 index.wxml                      36              title: '查无数据',
       ⊟ index.wxss                       37              icon: "none"
  ▸ 📁 style                              38            })
     📄 app.js                            39          }
     {} app.json                          40          // 数据获取成功提示 `userInfo`赋值 隐藏"查询中……"
     ⊟ app.wxss                            41  ⌄       wx.showToast({
     {} sitemap.json                      42            title: '获取成功',
     {} project.config.json               43          })
     ⓘ README.md                          44  ⌄       this.setData({
                                          45            loading: false,
                                          46            userInfo: res.data[0]
                                          47          })
                                          48        })
                                          49        // 错误处理
                                          50  ⌄     .catch(err => {
                                          51          console.log('查询失败', err)
大纲
```

图 3-88 云端数据获取函数

图 3-89 成功获取数据

步骤12：创建界面"addForm"，在 \pages\index\index.wxml 中写入路由跳转代码，如图3-90所示。

图3-90 表单页面跳转

步骤13：在 addForm.wxml 中编写表单代码，如图3-91所示。

```
 1    //miniprogram/pages/addInfo/addForm.wxml
 2    <view class="container">
 3      <view class="page-body">
 4        <form catchsubmit="formSubmit" catchreset="formReset">
 5          <view class="page-section">
 6            <view class="page-section-title">姓名: </view>
 7            <input class="weui-input" name="name" placeholder="请输入姓名" />
 8          </view>
 9          <view class="page-section">
10            <view class="page-section-title">职位: </view>
11            <input class="weui-input" name="position" placeholder="请输入职位" />
12          </view>
13          <view class="page-section">
14            <view class="page-section-title">部门: </view>
15            <input class="weui-input" name="department" placeholder="请输入部门名称" />
16          </view>
17          <view class="page-section">
18            <view class="page-section-title">公司: </view>
19            <input class="weui-input" name="company" placeholder="请输入公司名称" />
20          </view>
21          <view class="page-section">
22            <view class="page-section-title">地址: </view>
23            <input class="weui-input" name="address" placeholder="请输入公司地址" />
24          </view>
25          <view class="page-section">
26            <view class="page-section-title">邮箱: </view>
27            <input class="weui-input" name="email" placeholder="请输入邮箱" />
28          </view>
29          <view class="page-section">
30            <view class="page-section-title">手机: </view>
31            <input class="weui-input" name="mobile" placeholder="请输入手机号码" />
32          </view>
33          <view class="page-section">
34            <view class="page-section-title">电话: </view>
35            <input class="weui-input" name="phone" placeholder="请输入电话号码" />
36          </view>
37          <view class="btn-area">
38            <button style="margin: 30rpx 0;background-color:#5698c3;color:#fff" formType="submit">提交名片</button>
39            <button style="margin: 30rpx 0;" formType="reset">重置</button>
40          </view>
41        </form>
42      </view>
43    </view>
```

图3-91 表单代码

步骤14：在 addForm.wxss 中编写表单样式代码，如图3-92所示。

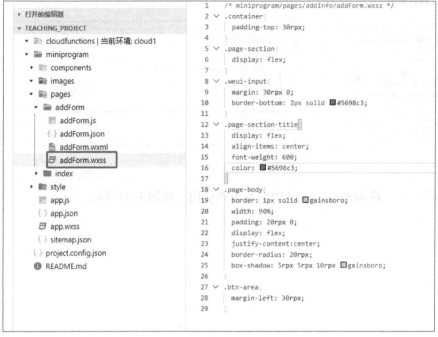

图3-92　表单样式代码

步骤15：在 addForm.js 中编写表单输入校验，以及校验通过后调用 submit( ) 向云端添加数据的代码，如图3-93至图3-95所示。

图3-93　表单输入校验代码

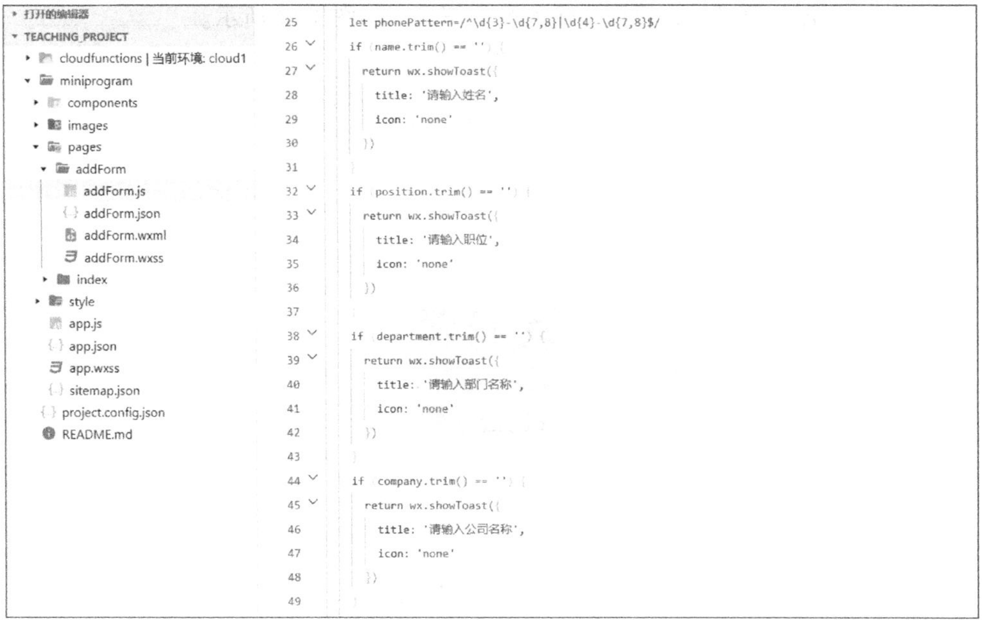

图 3-94　表单输入检查代码

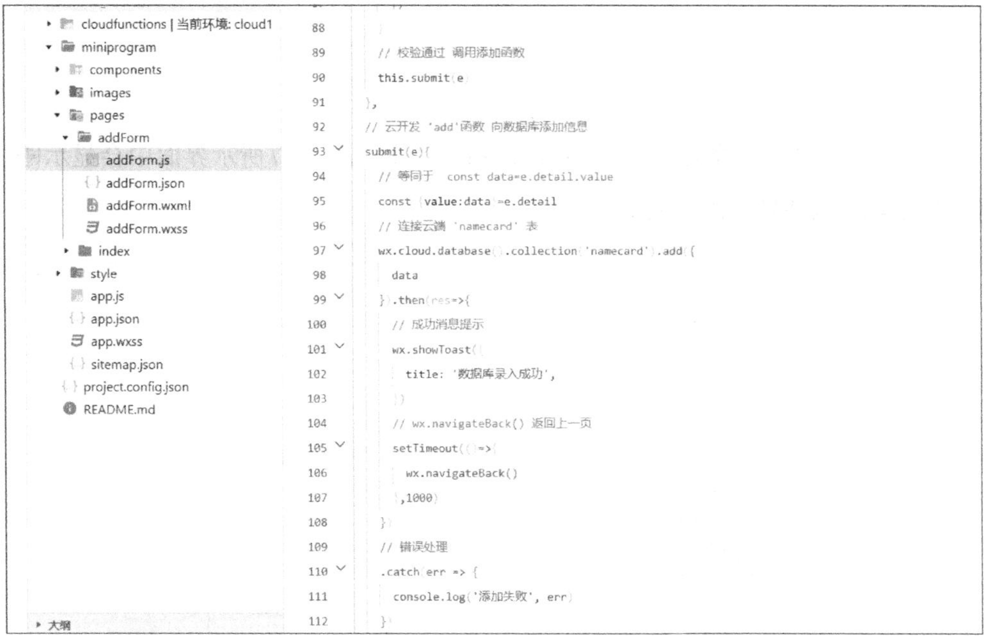

图 3-95　添加数据代码

步骤16：添加测试，在界面中输入名片信息，如图3-96所示。

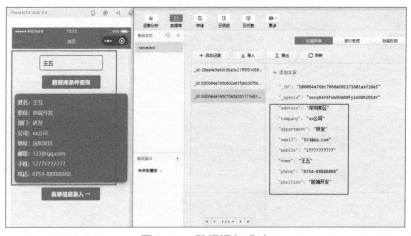

图3-96　输入名片信息

步骤17：单击"数据库"→"namecard"按钮，图3-97所示界面中会显示刚才添加的字段，表明数据添加成功。

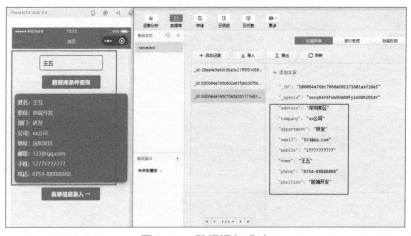

图3-97　数据添加成功

名片小程序开发完成，具有添加名片信息、显示名片信息和查询名片信息等功能。

四、实训报告要求

认真完成实训，并撰写实训报告，需包含以下内容：

（1）实训名称；

（2）学生姓名、学号；

（3）实训日期和地点（年、月、日）；

（4）实训目的；

（5）实训内容；

（6）实训环境；

（7）实训步骤；

（8）实训总结。

课后习题

1. 与传统的瀑布模型相比，迭代过程具有以下哪些优点？（　　）

A. 降低了在一个增量上的开支风险。如果开发人员重复某个迭代，那么损失只是这一个开发有误的迭代的开销。

B. 降低了产品无法按照既定进度进入市场的风险。通过在开发早期就确定风险，可以尽早解决而不至于造成开发后期匆忙。

C. 加快了整个开发工作的进度。因为开发人员清楚问题的焦点所在，他们的工作会更有效率。

D. 由于用户的需求并不能在一开始就做出完全的界定，它们通常是在后续阶段中不断细化的。因此，迭代过程这种模式使适应需求的变化会更容易些。因此复用性更高。

2. 下列关于软件开发模型的描述中，错误的是（　　）。

A. 瀑布模型将软件生命周期划分为制订计划、需求分析、软件设计、程序编写、软件测试和运行维护6个基本活动

B. 瀑布模型的优点是严格遵循预先计划的步骤顺序进行，一切按部就班，比较严谨

C. 演化模型是一种与传统的瀑布式开发相反的软件开发过程，它弥补了传统开发方式中的部分弱点，具有更高的成功率和生产率

D. 快速原型用来获取用户需求，或用来试探设计是否有效。一旦需求或设计确定下来，原型将被抛弃

3. 对比云开发与传统云开发，下列说法中错误的是（　　）。

A. 在云开发模式中，开发的效率相比于传统开发两者差不多

B. 在成本方面，云开发要优于传统开发

C. 在开发生态中，云开发原生集成在微信中，使用起来非常方便，而传统开发则需要自行开发产品的逻辑，需要花费大量的精力去维护

D. 在运维方面，云开发的运维底层是由腾讯云来提供专业支持的，所以开发者无须关心运维部分的内容

4. 下列关于小程序云开发的特点描述正确的有（　　）。

A. 前端可以完整开发一个小程序

B. 腾讯云和微信开放能力通过云开发，可以像调用 API 一样简单方便

C. 开箱即用，直接在微信 IDE 开通使用

D. 以上都不正确

5. 下列关于云 API 的优点描述正确的有（　　）。

A. 云 API 提供腾讯云产品各类资源的接口，用户只需通过云 API 即可快速操作云产品，可更加方便地管理云资源

B. 云 API 对系统要求低且兼容性强，在熟练使用 API 的情况下，用户可自行组建 API 完成常用功能的调用，提高了工作效率

C. 腾讯云 API 易于自动化，支持远程调用，用户可通过云 API 自由组合接口，实现更高级的功能，实现功能定制

D. 易于自动化，易于远程调用，兼容性强，对系统要求低